JIANZHU YU HUANJING
MOXING ZHIZUO

建筑与环境模型制作

主　编　唐海艳　李　奇
主　审　李平诗

重庆大学出版社

内 容 提 要

本书系统介绍了建筑与环境模型制作的基本方法、模型制作的主要工具和常用材料的加工处理方法。全书主要按照制作模型的常用材料来划分章节,包括概述、纸质模型的制作、木质模型的制作、塑料模型的制作、聚苯乙烯泡沫模型的制作、其他类型模型的制作、外环境模型的制作、室内模型的制作、专业模型的制作等。

本书可作为应用型本科建筑学、风景园林、城乡规划、环境设计等专业人才培养的教材,也可供相关技术人员阅读参考。

图书在版编目(CIP)数据

建筑与环境模型制作/唐海艳,李奇主编.--重庆:重庆大学出版社,2018.8(2022.1 重印)
高等教育建筑类专业规划教材.应用技术型
ISBN 978-7-5689-1119-1

Ⅰ.①建… Ⅱ.①唐… ②李… Ⅲ.①模型(建筑)—制作—高等学校—教材 Ⅳ.①TU205

中国版本图书馆 CIP 数据核字(2018)第 114898 号

高等教育建筑类专业规划教材·应用技术型
建筑与环境模型制作
主 编 唐海艳 李 奇
主 审 李平诗
责任编辑:王 婷 版式设计:王 婷
责任校对:关德强 责任印制:赵 晟
*
重庆大学出版社出版发行
出版人:饶帮华
社址:重庆市沙坪坝区大学城西路 21 号
邮编:401331
电话:(023) 88617190 88617185(中小学)
传真:(023) 88617186 88617166
网址:http://www.cqup.com.cn
邮箱:fxk@cqup.com.cn (营销中心)
全国新华书店经销
重庆升光电力印务有限公司印刷
*
开本:787mm×1092mm 1/16 印张:7.5 字数:184 千
2018 年 8 月第 1 版 2022 年 1 月第 3 次印刷
印数:5 001—8 000
ISBN 978-7-5689-1119-1 定价:39.00 元

前　言

本教材是高等教育土建类专业规划教材 · 应用技术型之一，针对应用型本科建筑学、风景园林、城乡规划、环境设计等专业的人才培养，在编写时力求条理清晰，语言通俗易懂，重点突出，帮助学生在制作模型的过程中逐步建立三维空间的意向，同时让学生对常用模型制作材料有所了解，掌握模型制作工艺，让初学者能较快上手，对模型制作产生浓厚兴趣。本书具有以下特点：

首先，简明实用，利于教学。本书对模型制作的材料特点、用途、制作所需的主材与辅材、制作机具及制作步骤五个方面作了图文并茂的讲解。其中，重点介绍纸质、木质和塑料泡沫模型的制作，也对有机玻璃和塑料模型制作有足够的介绍，而对专业模型只进行了简要介绍。教材体系完整、重点突出、条理清晰、语言简练。

其次，适用广泛。为了兼顾不同专业的教学要求，本书的章节有别于以往教材中制作工具、制作材料、制作工艺、模型设计的安排，而采用按模型的制作材料来分类并做系统介绍，便于不同专业的取舍和讲解。在此基础上，依据特点和用途对常用的建筑与环境模型进行分类，并做深入讲解，重点是突出其独特的展示效果和制作特点。本书适用于建筑学、风景园林、城乡规划、环境设计等专业的专科和本科，授课为 2 至 4 个学分的教学需要。

最后，本书在讲解过程中采用图文并茂的形式，力求生动易懂，便于学生理解和操作。

本书由唐海艳、李奇担任主编，李平诗担任主审，张志伟、付坤林、何渝、侯娇、杨龙龙、朱美蓉、朱贵祥、阙怡、刘喆参编。全书的编写分工如下：

前言及第 1 章：唐海艳

第 2 章：张志伟

第 3 章：付坤林

第 4 章:侯娇

第 5 章:何渝

第 6 章:唐海艳、朱美蓉

第 7 章:朱贵祥、阙怡

第 8 章:李奇

第 9 章:杨龙龙

附录学生作业:刘喆

部分插图:廖晓文

本书在编写过程中,参考了大量教材、有关专家的书籍及文献资料,在此对其作者表示衷心的感谢。虽然本书力求讲解科学、详尽,但难免会有疏漏之处,恳请读者及广大师生给予批评指正,以便今后不断完善。

编　者

2018 年 2 月

目　录

1　概述 …… 1
1.1　建筑模型的作用 …… 1
1.2　建筑与环境模型的组成 …… 3
1.3　模型的分类及特点 …… 3
1.4　模型材料 …… 7
1.5　制作工具和制作方法 …… 9
1.6　制作要求 …… 10
1.7　展示效果和手段 …… 10

2　纸质模型的制作 …… 12
2.1　纸质模型的特点 …… 12
2.2　纸质模型的用途 …… 12
2.3　制作纸质模型的主材与辅材 …… 13
2.4　制作纸质模型的工具 …… 18
2.5　纸质模型的制作步骤 …… 19

3　木质模型的制作 …… 22
3.1　木质模型的特点 …… 22
3.2　木质模型的用途 …… 23
3.3　制作木质模型的主材和辅材 …… 24
3.4　制作木质模型的工具 …… 28

3.5 木质模型的制作步骤 …… 30

4 塑料模型的制作 …… 34
4.1 塑料模型的特点 …… 34
4.2 塑料模型的用途 …… 34
4.3 制作塑料模型的主材 …… 36
4.4 制作塑料模型的辅材和工具 …… 39
4.5 塑料模型的制作步骤 …… 39

5 聚苯乙烯泡沫模型的制作 …… 42
5.1 聚苯乙烯泡沫模型的特点 …… 42
5.2 聚苯乙烯泡沫模型的用途 …… 43
5.3 制作聚苯乙烯泡沫模型的主材和辅材 …… 45
5.4 制作聚苯乙烯泡沫模型的工具 …… 45
5.5 聚苯乙烯泡沫模型的制作方法和步骤 …… 45

6 其他类型模型的制作 …… 49
6.1 金属模型的制作 …… 49
6.2 石膏模型的制作 …… 52
6.3 竹制模型的制作 …… 55

7 外环境模型的制作 …… 58
7.1 模型底座的制作 …… 59
7.2 地形的制作 …… 61
7.3 水体的制作 …… 65
7.4 道路的制作 …… 66
7.5 植物的制作 …… 67
7.6 照明设施的制作 …… 70
7.7 环境小品的制作 …… 71

8 室内模型的制作 …… 73
8.1 室内模型的特点 …… 73
8.2 制作室内模型的主要材料和工具 …… 74
8.3 制作室内模型的过程 …… 76
8.4 制作技巧和注意事项 …… 78

9 专业模型的制作 …… 79
9.1 专业模型的特点 …… 79
9.2 专业模型的用途 …… 80

9.3　制作专业模型的主材与辅材 …… 84
9.4　制作专业模型的工具 …… 86
9.5　专业模型的制作步骤 …… 87

附录　建筑模型制作任务书及作品案例 …… 88

参考文献 …… 109

1 概　述

大多数建筑模型的制作，都要求同时表现环境，以展示建筑与环境的关系，而风景园林建设项目一类的模型，却是以环境为主、建筑为辅。可见，建筑与环境的关系密不可分，模型制作时通常也会一并予以考虑。但也有少数例外，例如建筑室内设计的模型，因表现的重点在建筑的内部，则外部环境在模型中占比很少，甚至没有。

1.1　建筑模型的作用

制作建筑与环境的模型，通常考虑作以下的用途：

1）设计构思用

在设计的构思阶段，设计师有时会借助简易的模型来进行多方案比较和设计调整，完成“试错”的过程，以求较快地完善设计思想，结束设计构思，并完成概念设计模型这种立体的设计草图，如图 1.7 所示。

2）设计效果展示

设计方案完成后，设计单位有时会借助建筑模型来展示设计的特点。此时模型的作用类似立体的方案设计效果图，可以帮助建设方和主管部门等更好地了解设计意图和方案的特色。

3）帮助施工建造

在项目的施工阶段，面对一些复杂的空间关系和构造措施，会制作尺度较大的模型，以帮助完善技术设计并指导建造施工。最著名的实例是中国在制造核潜艇之初所制作的与实物大小一致的木质模型。建筑工程项目里也有类似的做法，如样板间。

4）建筑作品的缩微存储记录

最具代表性的建筑模型，是最真实反映建筑本身所有特点的缩微模型，其作用类似于一个立体的建筑竣工图。这在古建筑模型制作上最具典型性，特点是按照建造成功后的建筑物及环境，缩小比例后真实再现，如图 1.1 所示。古代也有较为写意的建筑模型，例如汉代的陶瓷民居造型（图 1.2），为今天的人们研究当时的建筑技艺和民俗文化等提供了参照。

5）用于商业用途

建筑模型也用于销售楼盘时的宣传推介，建筑与环境模型的陈列有助于业主了解楼盘的情况和选购房产，有利于商品房的销售。

图 1.1　古建筑模型

图 1.2　汉代的陶瓷建筑模型

1.2 建筑与环境模型的组成

建筑与环境模型一般由模型底座(底盘)、场地环境、建筑物和构筑物、配件与配景组成。底盘支承模型的质量,装载模型的所有内容和信息(如模型的名称、比例);场地环境包括所有的地形、植被、水面和道路广场等;建筑物和构筑物包括拟建建筑物以及凉亭、回廊、桥梁与河堤等;配件与配景包括家具、路灯、雕塑、汽车和路人等,如图1.3所示。

1.3 模型的分类及特点

建筑与环境模型种类繁多,各具特色和用途。建筑模型类似于三维的设计图,一般有以下分类方法:

1)以用途分

以用途划分,主要分为含周边环境的建筑模型、城市规划模型(图1.4)、景观设计模型(图1.5)、园林设计模型(图1.6)、室内设计模型(图1.11)、建筑结构与构造设计模型等。

图1.3 模型的组成

图 1.4　城市规划模型

图 1.5　景观设计模型

2）以制作深度分

①概念设计模型（类似草图设计），其特点是注重展示建筑造型和建筑内外空间的关系，不注重细节刻画而显得粗略，如图 1.7 所示。

②方案设计模型，其特点是真实反映设计意图和设计特点，追求逼真效果并力求美化。这一类模型数量最多，类似于立体的建筑设计效果图。

③施工图设计模型，其特点是侧重于展示技术层面的内容，追求精准而不刻意追求美观，内容以建筑结构和构造节点的展示为主。

图 1.6 园林设计模型

图 1.7 设计概念(构思)模型

④依据竣工图或实物制作的模型(例如大多数的古建筑模型),其特点是注重严格按照比例真实地再现已有建筑物的各个细节,追求逼真的效果,类似三维的竣工图,如图 1.9 所示。

3)以材料分

①纸质模型(图 1.8):是用纸板和纸质材料制作的模型,因其制作简单、材料价格低廉、种类繁多而被大量采用,但不易保存,常用于概念设计模型制作(特别是制作模型的主体),方便设计过程中的调整改动。

②木质模型(图 1.9):主要以木质材料制作,因能精雕细刻、制作方便、材料丰富易得,且能长久保存,常用于古建筑和建筑设计方案模型的制作。

③塑料模型(图 1.10):是以塑料制品(如泡沫板、吹塑纸、PVC 板、ABS 板等材料)制作的模型。其中,泡沫板(常指聚苯乙烯泡沫板)质量小,有足够的强度,便于切割和雕琢,适合做建筑模型的坯体,也方便制作侧重表现造型和体量而无须刻画细节的模型,如城市规划模型。

图 1.8　纸质建筑模型

图 1.9　木质古建筑细部模型

图 1.10　塑料模型

图 1.11　有机玻璃室内设计模型

④有机玻璃模型(图 1.11):有机玻璃质量较小,有足够的强度和刚度,其中的透明有机板适于展示建筑的内部空间,因此常用于建筑室内设计模型制作。

⑤3D 打印模型(图 1.12):是借助 3D 打印机和光敏树脂或 ABS 等材料来制作完成的。

⑥专用型材模型(图 1.13):是利用专门为建筑模型制作而生产的成品材料做成的,包括灯光与照明控制等,仿真度高,比例精准,效果逼真,细节丰富,常见于楼盘的展示模型。

图 1.12 3D 打印建筑模型

图 1.13 专用型材制作的建筑模型

图 1.14 钢结构建筑模型

图 1.15 建筑构造模型

⑦金属模型(图 1.14):金属材料一般用于金属外墙建筑模型、钢结构建筑模型、建筑环境和场地的配件模型的制作,例如用金属丝制作植物枝干和金属雕塑。

4) 以比例分

与绘图一样,模型的制作比例大体在 1∶1 000(城市规划模型)~5∶1(模型比原物还大,例如一些构造大样模型或建筑结构模型,如图 1.15 所示),以分别适应不同内容的表达。一般应根据制作对象的性质与大小来确定比例,在满足表达要求的前提下,模型不宜做得过大。

1.4 模型材料

理论上讲,绝大多数天然或人造的材料,都可以用于建筑与环境模型的制作,至于如何选材,则应以模型制作效果的需要来考虑。模型材料一般分为主材、辅材、配件和配景材料。

1) 主材

主材是指用作造型的材料,主要有以下种类:

①天然材料。常用于模型制作的天然材料有木板、石子、沙砾、植物枝干及枝丫等。

②传统材料。主要以石膏(图 1.16)和木材为主,国内外一直沿用多年。石膏现也用于模型小构件或配景造型的制作。

图 1.16 石膏建筑模型

③现代材料。可用于模型制作的现代材料种类丰富多样,例如各式板材就是目前制作建筑与环境模型的主要材料。

④专用模型材料。是指专门用于建筑模型制作的材料,这一类材料可以逼真地再现建筑外观的材料质地与色彩。目前有着各式各样的建筑构件制品,如路灯、树木、家具(图 1.17)和栏杆(图 1.18)等,能够提高模型的整体制作效率和制作的质量。

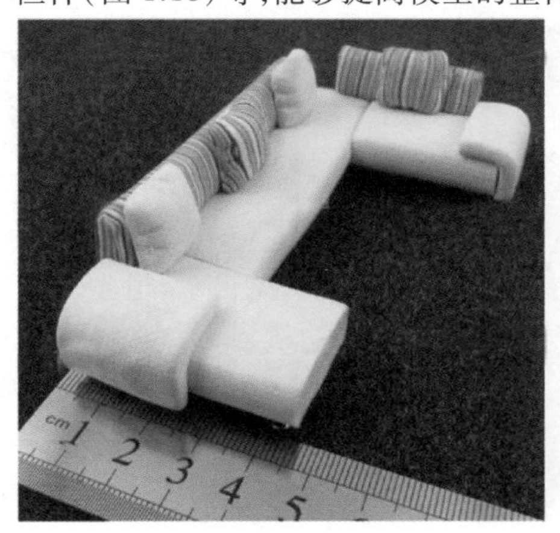

图 1.17 家具模型

图 1.18 栏杆模型

⑤代用的材料。这里是指一切可用于制作模型中各种构件和配件的其他的制成品,特点是比手工制作的精致和标准,可拿来即用。例如,用瓶盖制作模型里的植物容器,用电容器铝制外壳制作油罐和煤气罐,用儿童玩具充当模型中的交通工具,用电线制作市政管网,用制作盆景的配件来制作模型的配景(如小桥、凉亭和雕塑等),甚至使用包装用品和针头线脑等。

2）辅材

模型制作的辅助材料，包括黏结材料（如各种胶黏剂）、固定材料（如各种钉子）、着色材料以及制作支架和底盘的材料等。

黏结材料应与主材配套使用，例如黏结木材的白乳胶就不适合用来黏结有机玻璃。对于着色材料，也应针对所要施色的材质，选择合适的颜料或涂料。

3）配景或配件材料

配景或配件材料一般直接选用制成品，如汽车玩具、建筑构件模型制品、家具、植物模型和其他代用品等，以求制作简便、效果逼真。

1.5 制作工具和制作方法

建筑模型制作的工具和制作方法，主要包括用于度量、切割、雕刻（图 1.19）、浇铸（例如借助模具，用熔化的金属铅制作栏杆或路灯模型）、雕塑（石膏造型）、3D 打印（图 1.20）、打磨的工具和设备，以及材料或构件的连接、固定方法等，在后面的各节章中会有详细的介绍。

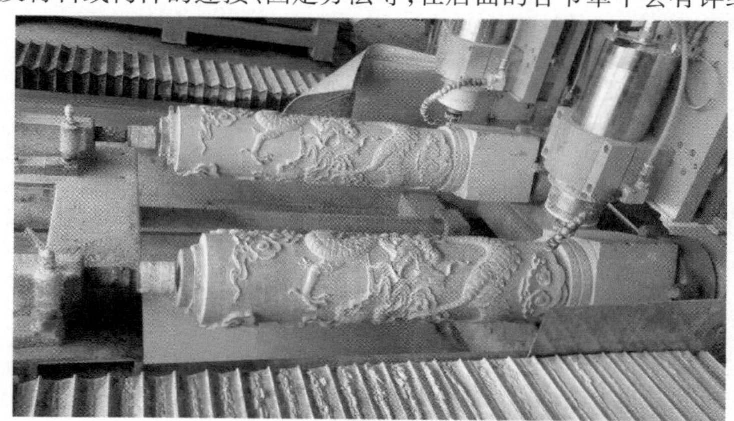

图 1.19 雕刻机制作建筑模型构件

图 1.20 3D 打印建筑模型

1.6 制作要求

建筑与模型制作应满足一些基本的要求,包括:

1)写实

模型应该造型准确逼真,不至于让人在观看时产生误读、误解。

2)制作精致

模型的陈设和制作应横平竖直、四平八稳,细节应刻画精致,让人感到建筑的质量上乘。模型中若存在瑕疵,会因为比例关系而被放大,令效果大打折扣。

3)符合比例

建筑与环境模型中所有内容的制作比例应严格统一,这是产生真实感的基础。

4)牢固

模型在制作、使用和展示过程中,可能会产生搬运、运输途中的破损,因此要求模型要制作牢固,不易变形和损坏,包括底座应坚固耐用,构件和细节之间应连接稳定可靠。

5)成本控制

模型的制作大小和质量把控做到够用就行,因为大多数模型的使用寿命不会太长,制作成本过高必然会造成浪费。

1.7 展示效果和手段

为追求好的展示效果,建筑与环境模型制作中还会利用到各种现代技术,如光电技术。

1)模型用的光源和发光体

①LED 光珠和光带。其特点是尺度小、色彩丰富、安全和省电,在模型中常用作室内外照明的光源,或制作成灯具模型,如图 1.21 和图 1.22 所示。

②发光纤维。包括荧光纤维、激发活性光纤维和自发光纤维,其特点是尺度小、质量轻、便于造型、照度或亮度适中、能主动或被动发光,可利用它在模型中制造特殊光亮效果(图 1.23)。

③光导纤维。其特点是自身不发光,但可以传导光能。利用光导纤维,可以用一个光源制作和布置诸多亮点,且尺度小、照度适中、节电,因此它适合用作模型中的灯具(图 1.24 和图 1.25)。

④灯控器(小型电路板)。可采用不同颜色的灯光,通过单点、群点、长亮、闪亮和流水式显示等方法的编程控制,使模型具有动态效果。

2)多功能控制

模型系统采用计算机编程和控制,能实现声音、视频等多种技术手段的综合运用。控制既可使用鼠标、键盘实现,也可采用遥控或触摸感应式控制,还可通过 PDA 漫游控制,且各种接口具有开放性和扩充性,便于今后的修改或增减。

3）综合效果同步演示

模型系统还可运用多媒体和信息技术，加载声、光、电、文字、图像等内容，分别通过模型的等离子（液晶）显示屏、灯光、音响、计算机屏幕、投影、报警器等给予同步的综合演示。

图 1.21 LED 光珠

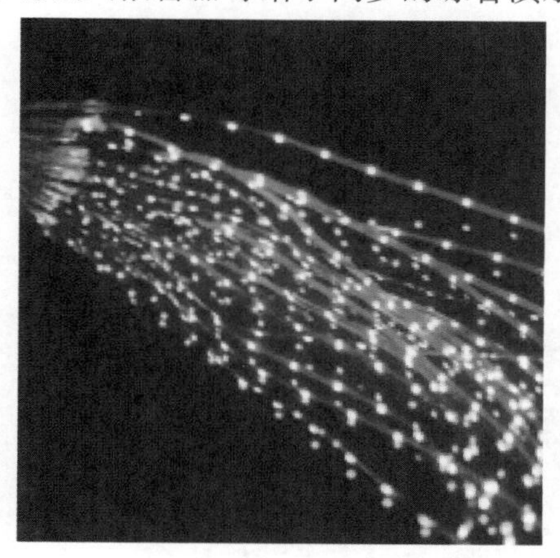

图 1.22 LED 光带

图 1.23 发光纤维

图 1.24 光导纤维

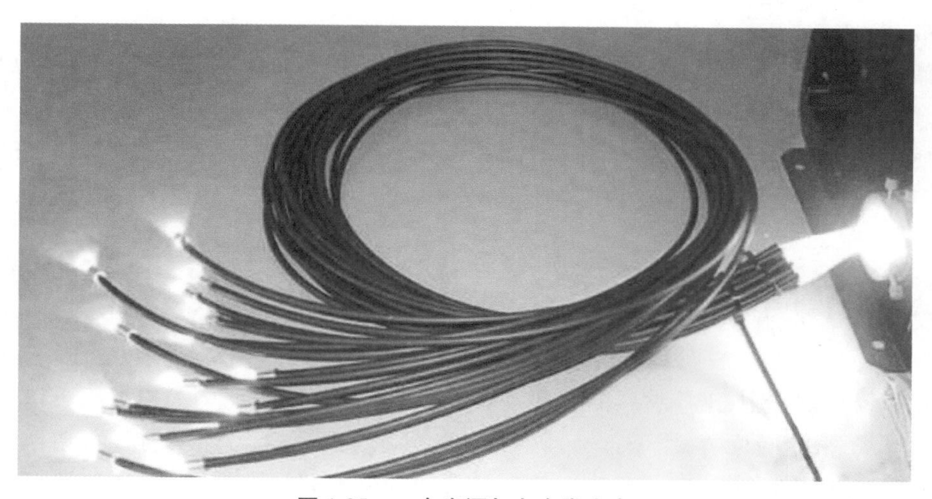

图 1.25 一个光源与多个发光点

纸质模型的制作

纸质材料是建筑模型制作中最基本、最简便、最常用的一种材料，由于其具备色彩丰富、选材及制作方便、表现力强等特点，常用于设计研讨模型的制作。

2.1 纸质模型的特点

纸质模型的质量由纸的成分、外观及物理机械性能决定。纸类材料可以通过剪裁、折叠来改变原有的形态，通过褶皱来产生各种不同的肌理效果，通过渲染来改变其固有色，因此具有较强的可塑性。

纸质模型的优点有：适用范围广，柔软性良好，耐久性好，种类多，价廉物美，容易加工，表现力强。

纸质模型的不足是：因为纸质材料的物理特性较差，所以纸质模型存在强度低、吸湿性强、受潮易变形等缺点，且在建筑模型制作过程中黏结速度慢，成型后也不易修整。

2.2 纸质模型的用途

在建筑模型制作中，纸质材料的表现效果非常丰富。如绒毛均匀的植绒纸可以用来做草坪、绿地、球场、底盘台面等，用于打磨其他材料的砂纸也可用来做球场、路面，甚至刻成字贴到模型底盘上。此外，市场上还有各种仿石材地面和墙面砖的型材纸张，这类型材纸张的仿真程度高，使用简便，简化了模型的制作过程。在选用这类型材纸张时，应特别注意其造型图案的比例大小及型材纸张的大小等是否与模型制作的整体风格统一。

选用纸张时,需要考虑机械性能、色度、平滑度、尺度、厚度、光洁度等性能。机械性能包括抗张力、伸张率、耐折度、耐破度和撕裂度。纸张按其质量和厚度分为两类:厚度在 0.1 mm 以下、每平方米质量不大于 200 g 的称为纸;厚度在 0.1 mm 以上、每平方米质量在 200 g 以上的称为纸板。纸和纸板的本质区别还在于其剖面结构形式的不同。纸的结构只有一层,而纸板一般是三层(即面层、芯层、底层),有时还有衬层和覆贴薄膜。在建筑与环境模型表现中,常用的纸质材料有卡纸(图 2.1)、瓦楞纸(图 2.2)、花纹纸、打印纸、包装纸、墙纸(图 2.3)、双面白纸泡沫胶板、水砂纸(图 2.4)和镭射纸(图 2.10)等。

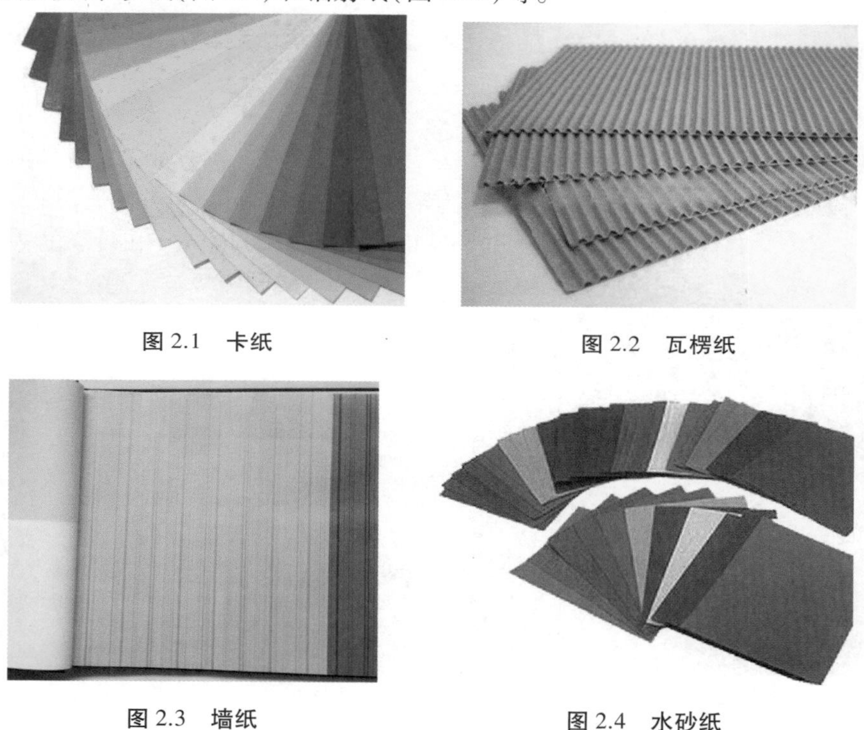

图 2.1　卡纸

图 2.2　瓦楞纸

图 2.3　墙纸

图 2.4　水砂纸

2.3　制作纸质模型的主材与辅材

主材是用于制作建筑模型主体部分的材料,或主要运用的材料;辅材是指胶黏剂一类的辅助性材料。纸质模型的主材和辅材主要有以下几种。

2.3.1　卡纸

卡纸是最常用的纸质模型材料,有光面纸和纹面纸、白卡纸和颜色卡纸、水彩卡纸和双面卡纸之分,常用于制作建筑的骨架、桥栏杆、阳台、楼梯扶手、组合家具、地形、高架桥等,能以自身强度来保持稳定。我们可以根据模型制作的不同需要来选择不同的卡纸。

卡纸的品种较多,其中白卡纸常用来制作概念模型,因其单一的色彩更容易突出模型的造型和变化。单层白卡纸通常用来做草模;双层白卡纸一般用来做正模;彩色卡纸的色彩丰富,常用来做墙面、屋面、地面和路面;灰卡纸可以用来表现素混凝土的材质等。白卡纸又有光面和毛面之分,可用以表示不同质感。

卡纸的表面可做喷绘处理,以使模型的色彩和质感更接近被描绘的对象。一般采用厚度为 1.5 mm 的卡纸板做平面的内骨架,预留出外墙的厚度;然后将用作玻璃的材料粘贴在骨架的表面;最后,将预先刻好窗洞并做好色彩和质感的卡纸外墙粘贴上去。有时也可直接使用 1.5 mm 的厚卡纸完成模型的全部制作,制成一种单纯白色或灰色的模型,且这种方式为许多设计师所喜爱。

制作卡纸模型的粘贴材料有乳胶和双面胶。

卡纸模型制作方便,色彩丰富,质量小,但受温度和湿度影响较大,保存时间短(图 2.5)。

2.3.2 厚纸板

厚纸板中常用的是灰色和棕色的厚纸板,灰色厚纸板的成分是曾被印刷过的旧纸,棕色厚纸板则含有被煮过的木纤维。灰色厚纸板因为坚硬且有韧性,可用刀方便地切割,因此比较适合用来做地形模型。其平面标准规格是 70 cm×100 cm、75 cm×100 cm 和较小的规格,厚度从 0.4 mm到 0.5 mm 不等,其中厚度为 1.05 mm 或 2.5 mm 的机制纸板被广泛使用(图 2.6)。

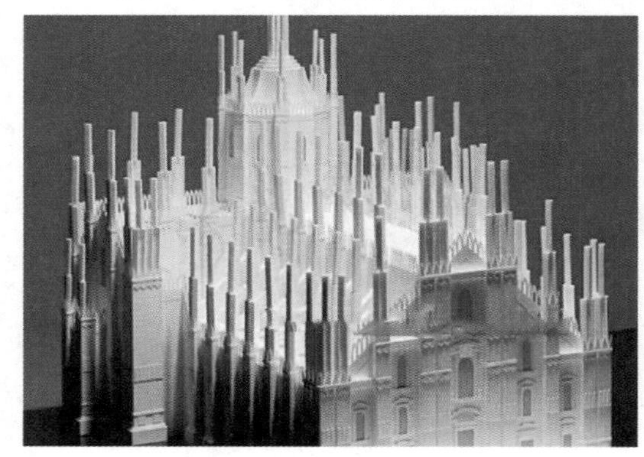

图 2.5 卡纸模型

图 2.6 厚纸板模型

2.3.3 模型纸板

模型纸板是建筑模型制作中常用的另外一种材料,它是在发泡树脂板的两端贴上卡纸制成的,可用刀片切割或将卡纸剥落,也可用砂纸及锉刀将板面弯折,表面可喷漆或平刷涂料,亦可贴上其他纸类来制作各种模型所需的效果。其通常可以分为厚度 1 mm 和 2 mm 的白色纸板,以及厚度 4 mm 的灰色糙纸板。模型纸板柔韧性适中,因为具有较好的刚性和恰当的厚度,所以通常在模型中充当建筑体的外墙、底面以及中间的支撑体(图 2.7)。

2.3.4 瓦楞纸

瓦楞纸是由挂面纸和波形瓦楞纸黏合而成的板状物,一般为 A3 或 A4 大小,厚度为 3~5 mm。单层瓦楞纸呈波浪形,多层瓦楞纸的一面为波浪形,另一面为平板,具有质量轻、质感逼真、成本低、易加工、强度大等优点。

瓦楞纸主要用于制作地形,或制作别墅和具有民族风情的坡屋面的瓦楞、梯沿砖以及屋顶的隔热层等(图 2.8)。

图 2.7 模型纸板模型

图 2.8 瓦楞纸模型

2.3.5 绒纸

绒纸主要用于制作模型上的草坪、绿地、球场和底盘台面等(图 2.9)。另外,市场上还有一种新型绒纸即时贴,本身自带不干胶,剪下来即可使用。

绒纸还可根据需要自制,其方法是将细锯末染上所需颜色,在有色卡纸表面涂上乳胶,再将染色干透的锯末撒在纸上,反复粘撒,直到达到所需效果为止。

2.3.6 镭射纸

镭射纸是一种新型的装饰纸质材料,常见的多为金色和银白色,具有光泽和结晶,在光线照射下具有放射性核闪光的视觉效果(图 2.10),在模型表现中常用于建筑外墙的装饰。在模型制作中,镭射纸通常被用来代替铝板等反光感较强的现代材料。

图 2.9 绒纸

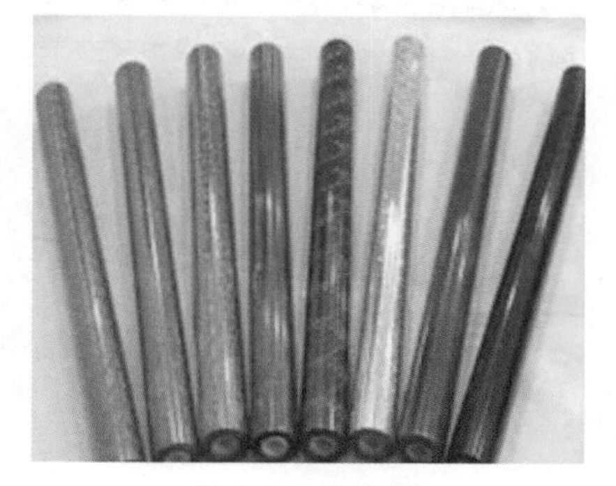

图 2.10 镭射纸

2.3.7 吹塑纸

吹塑纸适宜制作构思模型和规划模型等(图 2.11),它具有价格低廉、易加工、色彩柔和等特点。与吹塑纸相似的材料还有吹塑板,又称 ERS 发泡胶,它具有良好的表面光泽,色泽柔和丰富,易于加工成型,比较经济,是传统建筑模型中制作房屋、路面、台阶、山地等的合适材料(图 2.12)。但是其缺点

图 2.11 吹塑纸

是极容易折断,表面也十分容易破损,不耐久,不易保存。

2.3.8 其他纸质材料

不干胶纸的颜色和花纹多样,可用于建筑模型的窗、道路、建筑小品、建筑的立面和台面等处的装饰(图 2.13)。各色涤纶纸可用于建筑模型的窗、环境中的水池及河流等水面的仿制(图 2.14)。锡箔纸可用于模型中金属构件的仿制(图 2.15)。

图 2.12 吹塑板模型

图 2.13 不干胶纸

图 2.14 涤纶纸

图 2.15 锡箔纸

2.3.9 纸质模型的辅材

纸质模型主要使用胶黏剂将不同的部分紧紧黏结起来。

透明强力胶是目前最流行的建筑模型胶黏剂(图 2.16),它具有快速黏结模型材料的特性,适用于各种纸材、木材、塑料、纺织品、皮革、陶瓷、玻璃、大理石、毛毯、金属等材料,其胶水质地完全透明。

乳胶又称白胶,为白色胶浆,被广泛用作纸张和木材的胶黏剂(图 2.17)。使用白乳胶粘贴木材时,需要按压 3~5 h 才能固定,且木材之间要具有转角形式的接触面(榫口)。

瞬间快干胶又称 502 胶,具有无色透明、低黏度、不可燃、成分单一、无溶剂等特点,能黏结金属、橡胶、玻璃等,且不需长时间握持或紧压(图 2.18)。

不干胶又称自粘标签材料,它以纸张、薄膜或特种材料为面料,背面涂有胶黏剂。不干胶产品丰富多样,主要包括透明胶、双面胶、双面泡沫胶、印刷贴纸胶、即时贴胶纸等(图 2.19)。

纸黏土是由纸浆、纤维束、胶、水混合而成的白色泥状体。使用纸黏土,可用雕塑的手法塑造出建筑物,也可制作出山地的地形填充,但该材料的缺点是收缩率大(图 2.20)。

绿地粉主要是草粉和树粉,用于绿化树木和草地的制作,通过调和可制成多种绿化效果,是目前制作绿地环境常用的一种材料(图 2.21)。

图 2.16　透明强力胶

图 2.17　白乳胶

图 2.18　瞬间快干胶

图 2.19　透明不干胶

图 2.20　纸黏土

图 2.21　绿地粉

2.4 制作纸质模型的工具

在纸质模型制作时，主要使用以下几种常用工具和工具。

2.4.1 剪裁、切割工具

剪裁、切割工具的使用，贯穿了整个纸质模型制作的过程，常用的工具包括：

1) 美工刀

美工刀又称为墙纸刀，主要用于切割纸板、卡纸、吹塑纸等较厚的材料。美工刀的刀片可收入刀柄，用时再推出。当部分刀刃或刀尖不再锋利时，可依刀片的斜痕用刀柄尾部的插卡折断这部分，而剩余的刀片还可继续使用。

2) 剪刀

剪刀是常用于裁剪纸张的工具。模型制作时，最好备有两把大小型号不同的剪刀。

3) 手术刀

手术刀的刀刃非常锋利，主要用于各种薄纸及不同材质、不同厚度材料的切割和细部处理，尤其是建筑门窗的切、划，都离不开手术刀。

4) 45°切刀

45°切刀是用于切割45°斜面的一种专用工具，主要用于纸质类、聚苯乙烯类和ABS板等材料的切割，其切割厚度不宜超过5 mm。

5) 切圆刀

切圆刀与45°切刀一样，属于切割类专用工具，其适用的切割材料范围与45°切刀相同。

2.4.2 测绘工具

1) 三棱尺(比例尺)

三棱尺可以根据测量的长度换算多种比例，最常见的有1∶100，1∶200，1∶300等。

2) 直尺

直尺是画线、绘图和制作的必备工具，通常用透明有机玻璃和不锈钢材料制成，其常用的量程有300 mm、500 mm、1 m和1.2 m这四种。

3) 弯尺

弯尺是用于测量90°角的专用工具，尺身为不锈钢材质。弯尺的测量长度规格多种多样，是建筑模型制作中切割直角时常用的工具。

4) 蛇尺

蛇尺又称为蛇形尺或自由曲线尺，它是在可塑性很强的材料中间加入柔性金属芯条制成的软体尺，可自由摆成各种弧线形状，并且能够固定住。其尺身长度一般有300 mm、600 mm、900 mm等规格。

5）模板

模板是一种测量、绘图的工具，可用于测量、绘制不同形状的图案。常用的模板有画圆模板、椭圆模板、曲线板、矩形模板等。

2.4.3 其他辅助工具

1）铅笔

不同型号的铅笔主要用于做记号，在卡纸材料上做记号通常使用较硬的铅笔（H—3H）。

2）镊子

制作细小构件时，需要用镊子来辅助完成工作。

3）清洁工具

模型制作过程中，模型上会落有很多毛屑和灰尘，还会残留一些碎屑，此时可用毛笔、油画笔、板刷、照相机清洁用的吹气球等工具来做清洁处理。

2.5 纸质模型的制作步骤

纸质模型制作的主要步骤是：画线→裁剪→黏结，下面按不同类别分别介绍其详细做法。

2.5.1 薄纸板模型制作基本技法

薄纸板模型的纸板厚度一般小于0.5 mm，在实际应用中，薄纸板模型主要用于工作模型和方案设计展示模型的制作。制作的基本技法简要介绍如下：

①画线：在制作模型前先要对建筑的平、立面图进行仔细分析，按照物体的构成原理分出若干个面。由于薄纸板可以折叠，因此不必把物体的每一个面都裁剪后进行黏结，宜尽量将各个面按折叠关系进行组合，一同绘制到制作板材上。另外，也可将建筑设计的平、立面图按照模型制作的比例打印后，直接裱于制作板材上（图2.22）。

②裁剪：直接按事先画好的或裱好的切割线进行裁剪，裁剪时要注意在各边接口处留一定的黏结所需宽度。因为纸板较薄，所以必须对各边进行折叠黏结，对有门窗的面还应进行门窗的裁剪。薄纸板模型所用的裁剪工具一般为美工刀、刻刀、剪刀等，并辅以直尺、三角板等进行剪切（图2.23）。

③黏结：对裁剪好的面进行编号，并按建筑构成关系，先折叠再进行黏结组合。折叠时，面与面的折角处宜用手术刀将折线划裂，折叠时就可保持折线的挺直。黏结一般选用白乳胶或胶水，注意胶黏剂的用量既要能保证黏结稳固，又不会因过多而引起黏结面的变形（图2.24）。

在用薄纸板制作模型时，还可采取不同的方法来丰富纸模型的表现效果，如利用“褶皱”便可以形成许多不规则的凹凸面，产生出各种肌理效果。通过色彩的喷涂，也可使形体的表层产生不同的质感（图2.25）。

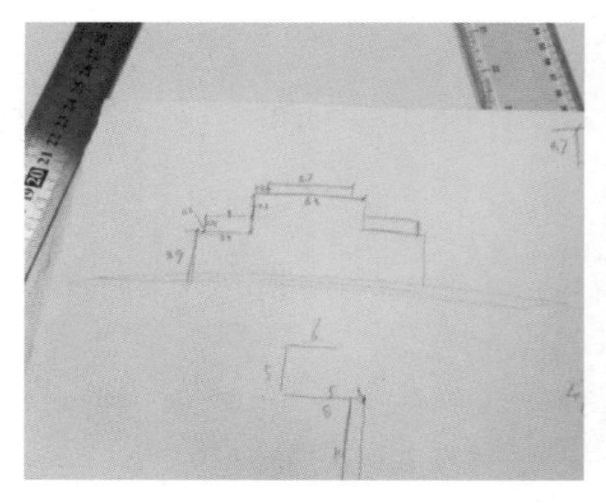

图 2.22　画线

图 2.23　裁剪

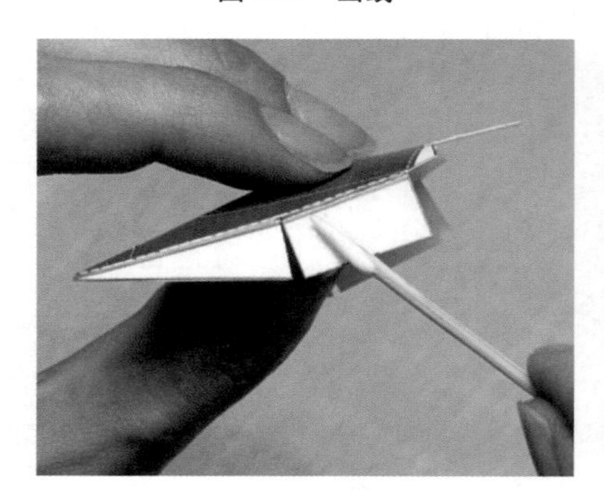

图 2.24　黏结

图 2.25　成品

2.5.2　厚纸板模型制作基本技法

厚纸板模型的纸板厚度一般为 0.5~3 mm，现在市面上所售的厚纸板大多是单面带色板，用来制作展示模型十分方便。厚纸板模型制作的基本技法可分为以下几个步骤：画线→切割→黏结→修饰。

①画线。一般用铅笔在纸板上直接画线。画线时要注意尺寸的准确性，尽量减少制作过程中的误差，同时要注意工具的选择和使用的方法。通常采用铁笔或铅笔，若使用铅笔，要采用硬铅（H、2H）轻画来绘制图形，其目的是为了保证切割后刀口与面层的整洁。在具体绘制图形时，首先要在板材上找出一个直角边，然后利用这个直角边，通过移动来绘制需要制作的各个面（图 2.26）。

②切割。画线工作完成后，方可进行切割。切割时，通常需在被切割物的下边垫上切割垫，同时切割台面要保持平整，防止在切割时跑刀。切割顺序一般是由上至下、由左到右。在切割立面开窗时，要按窗口的横纵顺序依次完成切割（图 2.27）。

③黏结。待整体切割完成后，即可进行黏结处理。黏结一般有三种形式：面对面、边对面、边对边。在黏结过程中，一定要考虑到以下三个问题：

一是面与面之间的关系，也就是说先粘哪面后粘哪面；

二是如何增强接缝强度和哪些节点处需要增加强度；

三是如何使模型表层在完成后保持整洁。

图 2.26　画线

图 2.27　切割

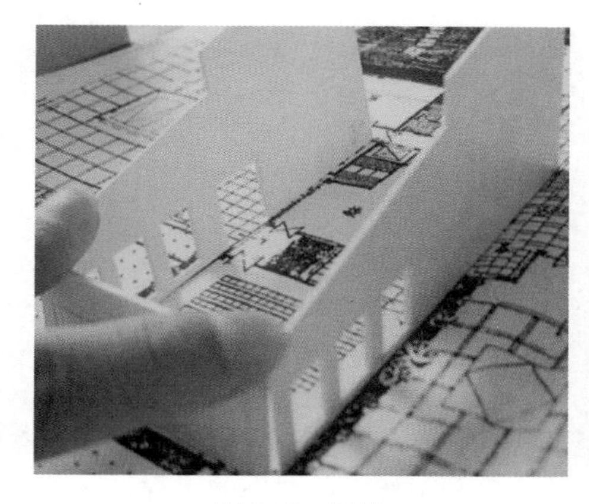

图 2.28　黏结

图 2.29　修饰

在黏结厚纸板时，一般采用白乳胶作为胶黏剂。具体黏结时，是在接缝内口进行点粘。由于白乳胶的自然干燥速度慢，可以利用吹风机烘烤，以加快干燥速度。待胶液干燥后，检查接缝是否合乎要求，如达到制作要求即可在接缝处进行灌胶，如感觉接缝强度不够，则要在不影响视觉效果的情况下进行内加固。在黏结组合过程中，由于建筑物是由若干个面组成的，即使切割再准确也难免存在误差，所以操作中要随时调整建筑体量的制作尺寸，随时观察面与面、边与边、边与面的相互关系，以确保模型造型与尺度准确。另外，在黏结的程序上，应注意先制作建筑物的主体部分，而其他部分（如踏步、围栏、雨篷、廊柱等构件），宜在建筑主体部分组装成型后再进行组装（图 2.28）。

④修饰。在全部制作程序完成后，还要对模型做最后的修整，例如清除表层污物及胶痕，对破损的纸面添补色彩等，同时还要根据图纸进行各方面的核定（图 2.29）。

3

木质模型的制作

在我国,木质模型制作的历史可以追溯到公元前。古人建造一些重要的建筑或记录一些重要的历史建筑时,常常使用木材来做微缩的建筑复制品(图 3.1)。木材(图 3.2)以其天然的纹理、极富表现力的质感以及自身的力学特性,成为建筑模型制作中最常用的一种材料。本章从木质模型的特点、用途、制作的材料与工具、制作步骤四个方面来讲解木质模型的相关知识。

3.1 木质模型的特点

木质模型具有质轻、密度小、具可塑性、易加工成型、易涂饰、材质与色纹美丽和保存时间长的优点;但缺点就是易燃、易受虫害影响,并会出现裂纹和弯曲变形等情况。

图 3.1 古建筑微缩复制模型

图 3.2 木材

3.2　木质模型的用途

1)古建筑的微缩复制品

中国古建筑具有悠久的历史和辉煌的成就,木质模型在古建模型中占有举足轻重的地位,常常被用于研究古建筑结构和古代建筑工艺,为复原我国古代建筑提供参考。同时,木质古建模型能让人们更好地鉴赏中国古建筑的技艺,一些重要古建筑的微缩复制品也成为各博物馆和私人收藏的珍品;而且木质模型不会生锈,不易被腐蚀,保存时间更长。

2)展示建筑与环境实体效果

木质模型因其材料具有天然性、质感较好,而且具有良好的视觉和触觉特性,所以常常作为展示模型被运用在建造木结构建筑、木质桥梁以及其他一些仿古建筑与环境的设计活动中。借助木质模型,可向委托单位、审批单位展示建筑与环境的设计理念和特色,同时使业主、审批人员等有关方面能够对建筑及周边环境有一个比较直观的了解和真实的感受。设计师们也常常通过模拟真实建筑和环境的实体模型来展示其设计效果,传递设计理念(图3.3)。

3)探求理想方案,完善设计构思

在建筑与环境设计过程中,仅仅通过图纸来表达设计想法和理念是不容易被人们理解和接受的,所以设计往往是由草图和模型共同表达的。由于木质模型具有材质较轻、较软、易于加工的特点,设计师们也常在创作过程中用木质模型来探索方案。而且木材的可塑性较强,易于成型,能很好地用于推敲建筑的造型、结构、体量等问题,特别是对建筑的结构推敲分析方面,木质模型更具直观的表现力。通过草图和模型的不断修改和重新构思设计,可以推进创造过程,推敲和解决建筑内部和外部出现的造型、结构、体量等问题,探求理想的方案,完善设计构思,直到一个完整的三维空间体展现出来(图3.4)。

图3.3　展示建筑与环境实体效果的模型

图3.4　完善设计构思的模型

4)指导实际施工

在实际的建筑与环境施工中,有的建筑结构比较复杂,难以在平面图和立面图中表达出来,或者施工人员无法正确理解,从而造成施工上的困难(尤其是古建筑施工中)。为了使施工人员能够正确理解设计师的意图,保证施工顺利,往往采用模型来展示建筑较复杂的结构部位,指导施工(图 3.5)。

图 3.5　指导施工的模型

3.3　制作木质模型的主材和辅材

3.3.1　制作木质模型的主材

制作木质模型的主材为木材及各种木制品,具有绿色环保、纹理独特、质朴典雅等特点。

图 3.6　木工板

(1)木工板

木工板(图 3.6)表面平整,加工容易,用途广泛,一般的规格尺寸为 1 220mm×2 440 mm,厚度为 15~18 mm。

(2)胶合板

胶合板(图 3.7)是用 3 层或 3 层以上的单板经涂胶后热压而成的人造板材,胶合板适用于大面积板状部件,主要用于制作模型的底盘,也可用于制作模型表面和内部的支撑材料等。胶合板的幅面尺寸规格一般为 1 220 mm×2 440 mm。

(3)硬木板(密度板、刨花板)

硬木板(图 3.8)是利用木材加工的废料再加工形成一定规格的碎木,经刨花后再使用胶合剂经热压而成的板材。硬木板的种类很多,按其密度可分为低密度刨花板、小密度刨花板、中密度刨花板、高密度刨花板 4 种。目前在模型制作中较为普遍使用的是中密度刨花板,其幅面尺寸规格一般为 1 220 mm×2 440 mm。

图 3.7 胶合板

图 3.8 硬木板

(4)软木板

软木板(图 3.9)是由混合着合成树脂胶的木质颗粒组合而成的,一般尺寸为 400 mm×750 mm,有厚度 1~5 cm 之间的各种规格。软木板加工容易、制作快捷,用它制作的模型有着特殊的质感。

图 3.9 软木板

图 3.10 航空板

(5)航空板

航空板(图 3.10)是采用密度不大的木材(主要是泡桐木),经过化学处理而制成的板材。该材料的优点是材质细腻、挺括,纹理清晰、极富自然表现力,且加工方便;其缺点是吸湿性强、易变形、细部加工较困难。

(6)其他板材

随着生产技术的发展,各种新型板材不断面市,例如人造纤维板(图 3.11)、椴木板(图 3.12)、DIY 薄木板(图 3.13)、微薄木(俗称木皮,图 3.14)等,在模型加工过程中如果应用适当,效果会比较理想。

木质建筑模型刻画细节时用得最多的木板是航模板、DIY 板等。另外,木质材料也用于其他各类模型的底盘制作。

图 3.11　人造纤维板

图 3.12　椴木板

图 3.13　DIY 薄木板

图 3.14　微薄木

3.3.2　制作木质模型的辅材

制作木质模型的辅材主要是胶黏剂(常用的胶黏剂有 UHU 胶、白乳胶、氯丁胶等),此外还常用到发泡海绵、植绒即时贴、确玲珑、橡皮泥、贴膜、颜料和油漆等其他材料。

(1)UHU 胶

UHU 胶(图 3.15)又名透明强力胶,是目前最流行的建筑模型胶黏剂。它具有快速黏结模型材料的特性,胶水质地完全透明,能真实反映材料的原始形态。

(2)白乳胶

乳胶又称白胶(图 3.16),为白色胶浆,使用这种胶黏剂的前提是,至少有一种材质是可以透气的,这样溶剂的水分才能蒸发。白乳胶质地稳定,可常温固化,黏结强度高,黏结层具有较好的韧性和耐久性,且不易老化。使用白乳胶粘贴木材时,需要按压 3~5 h 才能固定,木材之间要具有转角形式的接触面(榫口),且不能用于其他材料的黏结。它干固较慢(约 24 h),

常用于大面积的木料、墙纸和沙盘草坪等黏结。

图 3.15　UHU 胶

图 3.16　白乳胶

(3)氯丁胶

图 3.17　氯丁胶

氯丁胶(图 3.17)分为阴离子型和非离子型两类。它稳定性好,具有初黏力大、黏结强度高等特点,常用作木质模型的胶黏剂。

(4)发泡海绵

发泡海绵是一种多孔材料,具有良好的吸水性,能够用于清洁木屑。人们常用的海绵就是由木纤维素纤维或发泡塑料聚合物制成的。

(5)植绒及时贴

植绒及时贴(图 3.18)是一种表层为绒面的装饰材料。在模型制作中,该材料常用于大面积的色彩装饰,比如制作大面积绿地等。

(6)橡皮泥

橡皮泥是彩泥的前身,最开始的橡皮泥只有灰白这一种颜色,但随后的几年里橡皮泥就有了各种各样的颜色(还包括金色、银色、带夜光的等),可用于装饰模型。

(7)确玲珑

确玲珑(图 3.19)是一种新型建筑模型制作材料,它是以塑料类材料为基底,表层附有各种金属涂层的复合材料。该材料色彩种类繁多,厚度仅 0.5~0.7 mm。有的确玲珑表面金属涂层已按不同的比例做好分格,基底部附有不干胶,可即用即贴,使用十分方便。另外,由于材料厚度较薄,使用它来制作弧面时不需做特殊处理,靠其自身的弯曲度即可完成。

图 3.18　植绒及时贴

图 3.19　确玲珑

木质模型常用的材料及对应胶黏剂见表3.1。

表3.1　制作木质模型的主材、辅材及对应胶黏剂表

类型	名称	主要用途	厚度/mm	黏结固定材料	备注
主材	木工板	底座制作	15~18	UHU胶、白乳胶、氯丁胶	
	胶合板	制作底座、家具、内部支撑材料等	6~15	UHU胶、白乳胶、氯丁胶	
	硬木板	制作墙体、楼板、家具等	—	UHU胶、白乳胶、氯丁胶	
	软木板	用作模型表面材料	10~50	UHU胶、白乳胶、氯丁胶	
	纤维板	制作底座、墙板、隔板等	—	UHU胶、白乳胶、氯丁胶	
	航空板	制作墙体、墙板等	—	UHU胶、白乳胶、氯丁胶	
	椴木板	制作墙体、墙板、隔板等	—	UHU胶、白乳胶、氯丁胶	
	DIY薄木板	制作墙体、墙板、隔板等	—	UHU胶、白乳胶、氯丁胶	
	微薄木	用于建筑模型面层处理	—	UHU胶、白乳胶、氯丁胶	
辅材	植绒及时贴	装饰	—	—	
	贴膜	面层装饰	—	—	
	确玲珑	格子窗装饰、玻璃幕墙	—	—	
	发泡海绵	清洁	—	—	
	橡皮泥	装饰	—	—	
	颜料	上色	—	—	包含木工油漆
	木工钉	组装加固和连接	—	—	

3.4　制作木质模型的工具

制作木质模型的工具主要是剪裁切割工具和打磨工具，裁剪切割工具有手工刀、美工刀、钢锯、手锯、电动手锯、曲线锯、小台锯等，打磨工具有砂纸、砂纸机、木工刨等（表3.2）。

3.4.1　剪裁切割工具

（1）手锯

手锯又称刀锯，是切割木质材料的专用工具。手锯的锯片长度和锯齿粗细不一，可根据具体建筑模型情况，选择不同长度与锯齿的手锯。

表 3.2　制作木质模型的工具

类型	名称	主要切割或打磨的对象	备　注
裁剪切割工具	手工刀	发泡海绵、植绒即时贴、确玲珑、贴膜等	
	钢锯	微薄木(俗称木皮)、DIY 薄木板、椴木板、航空板等	
	手锯	软木板、纤维板、微薄木(俗称木皮)、DIY 薄木板、椴木板、航空板等	
	电动手锯	航空板、纤维板、硬木板、胶合板、木工板等	
	小台锯	木工板、硬木板等	
打磨工具	砂纸	基本上可打磨所有木材	
	砂纸机	基本上可打磨所有木材	
	木工刨	木工板、硬木板等	分传统和电动两种

(2)钢锯

钢锯是适用范围较广的一种切割工具,该锯的锯齿粗细适中,使用方便,可用于切割木质材料。

(3)电动手锯

电动手锯(图 3.20)是可切割多种材质的一种电动工具。它的适用范围较广,使用过程中可任意转向,切割的速度较快,是材料粗加工过程中的主要切割工具。

(4)小台锯

小台锯(图 3.21)是手工加工的好帮手,用手推动载有被加工木材的移动工作台,通过前后移动来实现锯削加工。由于移动工作台的导轨采用了特殊的结构,所以手动推动时轻便省力,并且加工精度很高。

图 3.20　电动手锯

图 3.21　小台锯

3.4.2 打磨工具

(1)砂纸

砂纸俗称砂皮(图 3.22),主要用以研磨金属、木材等表面,以使其光洁平滑。砂纸通常是在原纸上胶着各种研磨砂粒而成的,根据不同的研磨物质,可分为金刚砂纸、人造金刚砂纸、玻璃砂纸等多种形式。

(2)砂纸机

砂纸机(图 3.23)是一种电动打磨工具,它打磨面宽,操作简单,速度快,效果好,适用于平面打磨和抛光。

图 3.22 砂纸

图 3.23 砂纸机

(3)木工刨

木工刨分为传统木工刨(图 3.24)和电动木工刨(图 3.25),主要用于木材的平面和直线的切削与打磨,可以通过调整刨刃露出的多少来改变切削和打磨量。

图 3.24 传统木工刨

图 3.25 电动木工刨

3.5 木质模型的制作步骤

木质模型主要用于制作古建筑和仿古建筑的模型,通过独特的制作方法,可以用木质材料自身所具有的纹理、质感来很好地表现其建筑特色。木质模型的基本制作步骤为:选材→料拼接→画线→切割→打磨→黏结→组装→整体外观修整。在所有的制作环节中,最重要的是选材问题。

3.5.1 选材

选材时一般应考虑木材的纹理规整性，选择木材纹理清晰、疏密一致、色彩相同、厚度规范的板材作为制作模型的基本材料。另外，还需考虑木材强度，故一般采用航模板。在选材时，特别是选择薄板材时，应选择木质密度大、强度高的板材。

3.5.2 材料拼接

如果选用的板材宽度不能满足制作尺寸的需求，就要通过木板拼接来满足制作需要。木板材拼接方法有以下几种：

1）对接法（图 3.26）

首先对拼接木板的接口进行打磨处理，使其缝隙严密，然后刷上乳胶进行对接。对接时要略用力，将拼接板进行搓挤，使其接口内的夹胶溢出接缝。最后，将拼接木板放置于通风处干燥。

2）搭接法（图 3.27）

搭接法主要用于厚木板材的拼接。拼接时，首先要将拼接板接口切成子母口，然后在接口处刷上乳胶并进行挤压，将多余的胶液挤出。确认接缝严密后，再放置于通风处干燥。

图 3.26　对接法

图 3.27　搭接法

3）斜面拼接法（图 3.28）

斜面拼接法主要用于薄木板的拼接。拼接时，应先用细木工刨将板材拼接口刨成斜面。斜面大小视其板材厚度而定，板材越薄，斜面则应越大。接口刨好后，便可以刷胶、拼接，确认黏结无误后，将其放置于通风处干燥。

3.5.3 画线

在上述材料准备完成后，便可进行画线（图 3.29）。画线时，可以在选定的板材上直接画线。画线采用的工具和方法可参见厚纸板的画线工具和方法。同时，还可以利用设计图纸装裱来替代手工绘制图形，但注意要考虑木板材纹理的搭配，确保模型制作的整体效果。

3.5.4 切割

画线完成后，便可进行板材的切割（图 3.30）。对于较厚的板，一般选用钢锯进行切割；薄板材则一般选用刀刃较薄且锋利的美工刀切割。在用刀具切割时，第一刀用力要适当，目的是破坏表层组织，然后逐渐加力，分多刀切断。

图 3.28　斜面拼接法

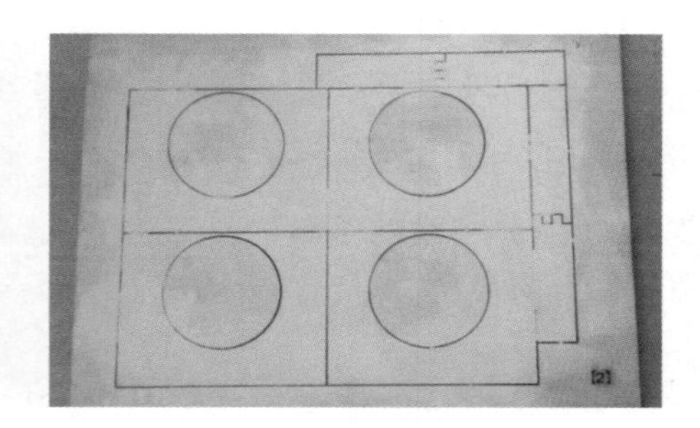

图 3.29　画线

3.5.5　打磨

在部件切割完成后，应按制作木质模型的程序，对所有部件进行打磨（图 3.31）。打磨一般选用细砂纸来进行。注意：一要顺其纹理进行打磨；二要依次打磨，不要反复推拉；三要打磨平整，使表层有细微的毛绒感。在打磨大面时，应将砂纸裹在一个方木块上进行打磨。在打磨小面时，可在若干个小面背后贴好定位胶带，分别贴于工作台面，组成一个大面打磨。

图 3.30　切割

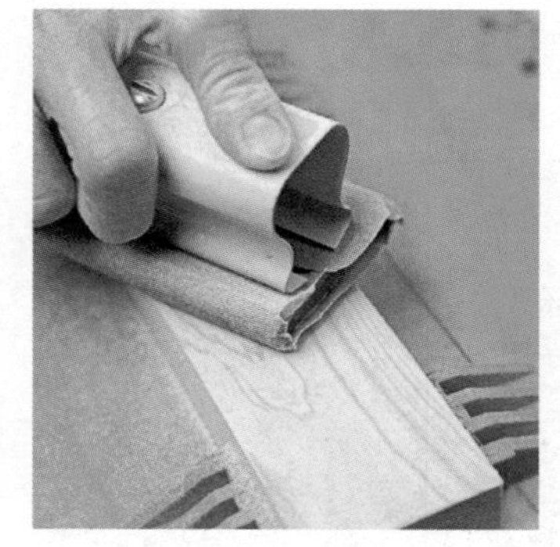

图 3.31　打磨

3.5.6　组装

打磨完毕后，即可进行组装（图 3.32）。在组装黏结时，一般选用白乳胶和 UHU 胶作胶黏剂，也可使用氯丁胶。还可以根据制作需要，使用木钉、螺钉共同进行组装。

图 3.32　组装

3.5.7 外观修整

模型组装完成后,应对模型进行局部修整和上色(图 3.33 和图 3.34)。

图 3.33 屋顶上色

图 3.34 墙体底座上色

塑料模型的制作

4.1 塑料模型的特点

塑料是重要的有机合成高分子材料,它是以石油或天然气为原料,经过合成反应而得到的高分子树脂。塑胶材料是用化学方法合成的材料,由合成树脂、填充材料、增塑剂、稳定剂、润滑剂、抗静电剂、着色剂等构成。

塑料具有质轻、耐腐蚀、强度高、色泽鲜艳和成型好的特点。在建筑与环境模型表现中,常用的塑料品种有:有机玻璃、聚氯乙烯、聚氨酯、苯板、雪弗板(PVC 发泡板)、吹塑板、透光 PVC 胶片、确玲珑胶片、即时贴和环氧树脂倒模材料。

4.2 塑料模型的用途

(1)制作展示性模型

塑料的造型丰富,色彩和表面涂装效果佳,可塑性强,因此常常使用塑料来制作展示性模型(见图 4.1、图 4.2)。

(2)制作地形、树木

塑料的成型效果好,因此在模型制作中常使用塑料来制作地形(见图 4.3)或树木(见图 4.4)等。

图 4.1 展示性模型(1)

图 4.2 展示性模型(2)

图 4.3 地形模型

图 4.4 花树模型

(3)制作建筑模型的构件

利用塑料质轻、透光的特点,可制作模型中的墙体、门窗、水体、反光构件等(见图 4.5、图 4.6)。塑料还可以做热加工处理,可制成弧形或圆形构件。

图 4.5 塑料制作的墙体、门窗模型

图 4.6 塑料制作的构筑物模型

4.3　制作塑料模型的主材

制作塑料模型的主材一般可分两大类:热塑性塑料(见图 4.7)及热固性塑料(见图 4.8)。虽然塑料种类繁多,但在模型制作中经常用到的主要是热塑性塑料,主要包括 PVC 塑料、ABS 工程塑料、PS 板和有机玻璃等。

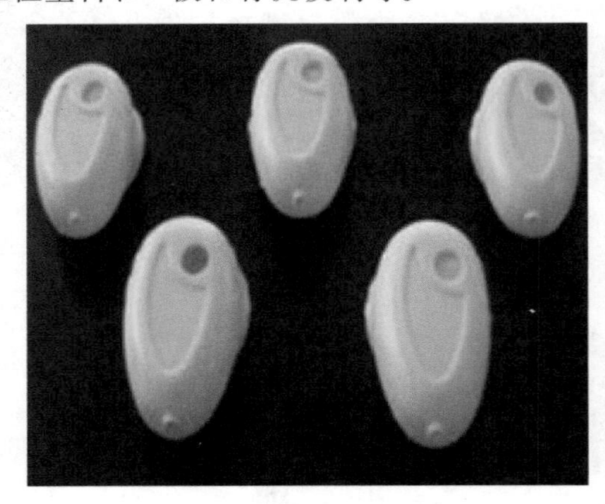

图 4.7　热塑性塑料

图 4.8　热固性塑料

制作塑料模型的辅材主要有 502 胶和三氯甲烷、自喷漆类涂料等。

4.3.1　聚氯乙烯(PVC)

1)定义

聚氯乙烯英文简称 PVC(Poly Vinyl Chloride),是世界上产量最大的塑料产品之一。它成本低、色泽鲜艳、材质比较轻、防水防潮、不易燃烧、强度高、绝缘性好、加工性能好、耐腐蚀、牢固耐用、几何稳定性优良,应用广泛;但其耐高温性不好,在较热的环境中工作容易变形(见图 4.9)。根据不同的用途加入不同的添加剂,聚氯乙烯塑料可呈现不同的物理性能和力学性能。

图 4.9　聚氯乙烯板

图 4.10　用聚氯乙烯板制作模型

2）分类

PVC 可分为硬 PVC 和软 PVC。硬 PVC 不含柔软剂，因此柔韧性好，易成型，不易脆，无毒、无污染，可以长久保存。软 PVC 中含有柔软剂，容易变脆，不易保存，所以其使用范围受到了一定限制。

4.3.2　丙烯腈丁二烯苯乙烯共聚物（ABS）

1）定义

丙烯腈丁二烯苯乙烯共聚物简称 ABS，是五大合成树脂之一。ABS 塑料不透明，呈象牙色、颗粒状，具有抗冲击性、耐热性、耐低温性、耐化学药品性及电气性能优良等优点，在造型中具有容易加工成型、制品尺寸稳定、表面光泽性良好、吸水率低、易于涂装、着色等特点。而且它还可以进行表面喷镀金属、电镀、焊接、热压和黏结等二次加工，所以是目前用途极为广泛的热塑性工程塑料（见图 4.11、图 4.12）。

图 4.11　ABS 板

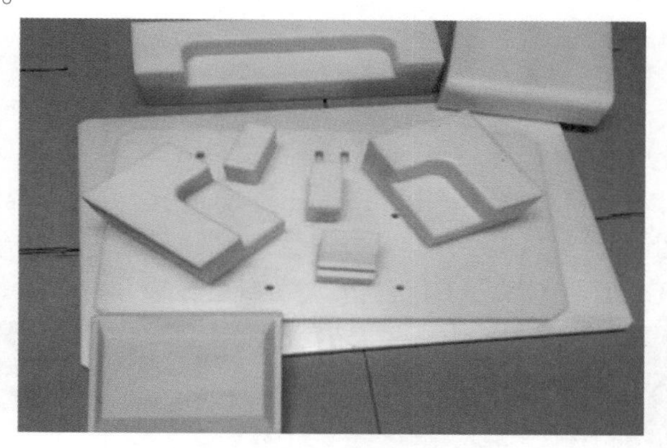

图 4.12　ABS 模型

2）分类

ABS 根据冲击强度可分为超高抗冲型、高抗冲击型、中抗冲型等品种；根据成型加工工艺的差异，又可分为注塑、挤出、压延、真空、吹塑等品种；依据用途和性能的特点，还可分为通用级、耐热级、电镀级、阻燃级、透明级、挤出板材级、管材级等品种。

4.3.3　聚苯乙烯

1）定义

聚苯乙烯是指由苯乙烯单体经自由基加聚反应合成的聚合物，名称为 Polystyrene，简称 PS，是一种无色热塑性塑料。其化学稳定性比较差，可以被多种有机溶剂溶解，易被强酸强碱腐蚀，不抗油脂，在受到紫外线照射后易变色。裁切时注意要将刀具完全垂直于板面，最好采用热熔钢丝锯加工，裁切后的表面要用砂纸或打磨机进一步处理。在建筑模型制作中，由于聚苯乙烯板泡沫材料应用得十分广泛，因此我们将在第 5 章详细介绍聚苯乙烯泡沫模型的制作。

2）分类

聚苯乙烯主要分为普通聚苯乙烯、发泡聚苯乙烯（EPS）、高抗冲聚苯乙烯（HIPS）等。发泡聚苯乙烯材料及用其制作的模型见图 4.13 和图 4.14。

图 4.13 发泡聚苯乙烯材料

图 4.14 发泡聚苯乙烯制作的模型

4.3.4 有机玻璃

1)定义

有机玻璃(Polymethyl methacrylate,缩写为 PMMA),俗称亚克力、亚格力、明胶玻璃等(见图 4.15、图 4.16)。此高分子透明材料的化学名称为聚甲基丙烯酸甲酯,是由甲基丙烯酸甲酯聚合而成的高分子化合物,是一种开发较早的重要的热塑性塑料。

图 4.15 有机玻璃(1)

图 4.16 有机玻璃(2)

2)特点及分类

有机玻璃板的耐候及耐酸碱性能好,寿命长,透光性佳,抗冲击力强(是普通玻璃的 16 倍),绝缘性能优良,质量轻,色彩艳丽、亮度高,可塑性强,造型变化大,加工成型容易。但由于其硬度低、耐热性差、延伸性较低,因此易裂、易碎、易变形,且颜色不稳定,在使用过程中容易发生起毛现象。

有机玻璃的种类较多,建筑模型中常用的有透明和不透明之分,厚度有 1 mm、2 mm、3 mm、4 mm、5 mm、8 mm 几种,最常用的为 1~2 mm。其产品有板材、管、棒等,可以做成无色透明、五颜六色、烛光、哑光、荧光、夜光等颜色。虽然有机玻璃价格较高,但是用它制作出来的模型挺括、光洁、美观精致,因此它是制作高档建筑模型及长期保存模型的理想材料。

有机玻璃分为无色透明有机玻璃、有色透明有机玻璃、珠光有机玻璃和压花有机玻璃四种。

4.4 制作塑料模型的辅材和工具

制作塑料模型的主要辅材和工具包括:有机玻璃板(或 ABS 板)、图纸、圆珠笔、游标卡尺(见图 4.17)、勾刀(见图 4.18)、推拉刀(见图 4.19)或手术刀、锉刀(见图 4.20)、酒精、砂纸、502 胶和三氯甲烷、注射器(用三氯甲烷粘贴构件时必需)、板锉、自喷漆类涂料等。

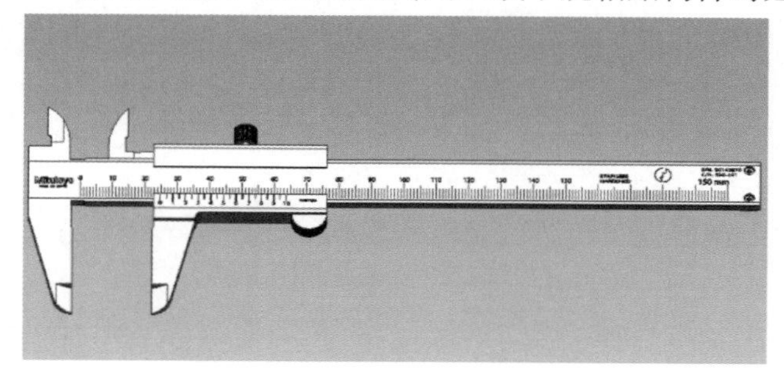

图 4.17 游标卡尺

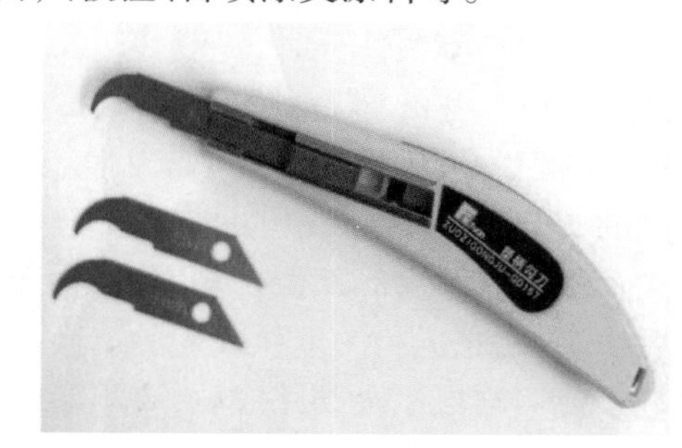

图 4.18 勾刀

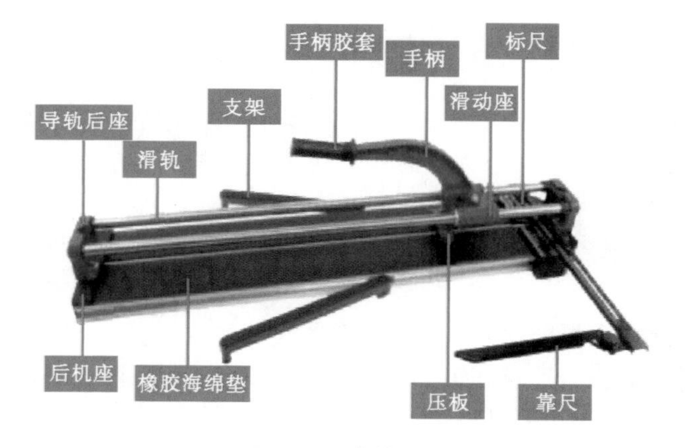

图 4.19 推拉刀

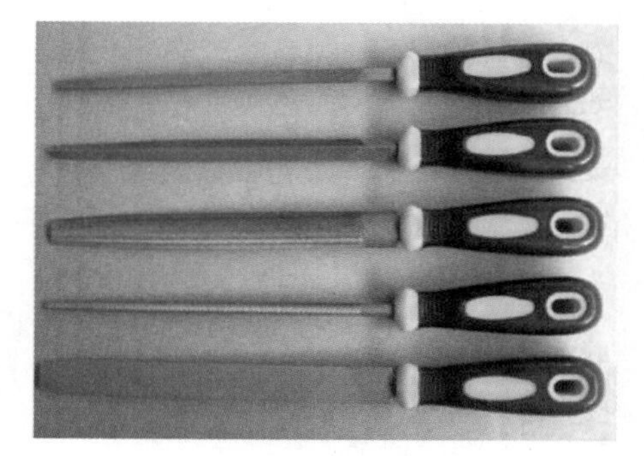

图 4.20 锉刀

4.5 塑料模型的制作步骤

塑料模型的基本制作步骤为:选材→画线→切割→打磨→黏结→上色。下面主要以有机玻璃板及 ABS 板为例,说明塑料模型的制作方法。

(1)选材

用来制作建筑模型板材的有机玻璃板,其厚度一般为 1~5 mm,ABS 板的厚度一般为

0.5~5 mm。在挑选板材时,一定要核对其规格和质量是否符合标准,然后进行合理的搭配。在选材时还应注意查看板材的表面情况(看是否有损伤),此外,还要考虑后期制作工序。若无特殊技法表现,一般选用白色板材进行制作。

(2)画线

材料选定后,即可进行画线放样。在有机玻璃板及 ABS 板上画线放样有两种方法:其一是利用图纸粘贴替代手工绘制图形的方法,其二是测量画线放样法。

在有机玻璃板及 ABS 板上绘制图形,画线工具一般选用圆珠笔和游标卡尺。

(3)切割、打磨

放样完毕后,便可以分别对各个建筑立面进行加工制作。一般先进行墙线部分的制作,其次进行开窗部分的制作,最后进行平立面的切割。

在制作墙线部分时,一般是用勾刀做划痕来进行表现的。墙线部分制作完成后,便可以进行开窗部分的加工制作。这部分的制作方法应视其材料而定,若是 ABS 板,且厚度在 0.5~1 mm 时,一般用推拉刀或手术刀直接切割即可成型;若是有机玻璃板或板材厚度在 1 mm 以上的 ABS 板时,一般用曲线锯进行加工制作。

待所有开窗等部位切割完毕后,还要用锉刀进行统一修整。修整后,可以进行各面的最后切割,使之成为图纸所表现的墙面形状。

待切割程序全部完成后,要用酒精将各部件上的残留线清洗干净,若表面清洗后还有痕迹,可用砂纸打磨。

(4)黏结

打磨后,便可以进行黏结、组合。有机玻璃板和 ABS 板的黏结和组合是一道较复杂的工序,一般按由下而上、由内向外的程序进行。

在具体操作时,首先选择一块比建筑物基底大、表面平整而光滑的材料作为黏结的工作台面(一般选用 5 mm 厚的玻璃板为宜),然后在被黏结物背后用深色纸或布进行遮挡,以增强与被黏结物的色彩对比,便于观察。

上述准备工作完毕后,便可以开始黏结、组合。黏结有机玻璃板和 ABS 板,一般选用 502 胶和三氯甲烷作胶黏剂。

当模型黏结成型后,还要对整体进行一次打磨,打磨重点是接缝处及建筑屋檐等部位。打磨一般分两遍进行:第一遍采用锉刀打磨,在打磨缝口时,最常用的是 20.32~25.4 cm(8~10 in)中细度板锉;第二遍打磨可用细砂纸进行,主要是将第一遍打磨后的锉痕打磨平整。

(5)上色

上色是使用有机玻璃板、ABS 板制作建筑主体的最后一道工序,一般都使用涂料来完成。目前市场上出售的涂料品种很多,有调和漆、磁漆、喷漆和自喷涂料等,在上色时首选的是自喷漆类涂料。

使用自喷类涂料上色的具体操作步骤是:先将被喷物体用酒精擦拭干净,并选择好颜色合适的自喷漆。然后将自喷漆罐上下摇动约 20 s,待罐内漆混合均匀后方可使用。喷漆时,一定要注意被喷物与喷漆罐的角度和距离,被喷物与喷漆罐的夹角一般为 30°~50°,喷色距离在 300 mm 左右为宜。具体操作时,应采取“少量、多次”的原则,每次喷漆间隔时间一般在 2~4 min。雨季或气温较低时,应适当地延长间隔时间。在进行大面积喷漆时,每次喷漆的顺序应交叉进行。

(6)成品展示

采用有机玻璃板和 ABS 板为主材所制作的成品模型如图 4.21 和图 4.22 所示。

图 4.21 有机玻璃模型展示

图 4.22 ABS 板模型展示

5

聚苯乙烯泡沫模型的制作

5.1　聚苯乙烯泡沫模型的特点

聚苯乙烯泡沫板(图 5.1)简称 EPS,也称泡沫板、EPS 板,常用于制作建筑模型的墙体或基层构造。其上下表面各增加一层 PVC 彩色薄膜,就成了 KT 板(图 5.2)。聚苯乙烯泡沫板和 KT 板的特点相同,就是自重较轻、制作建筑模型容易、价格也便宜,且制作建筑模型的时候,还可以利用该材料易溶于二甲苯等溶剂的特性,采用喷刷手段进行多种造型和装饰。

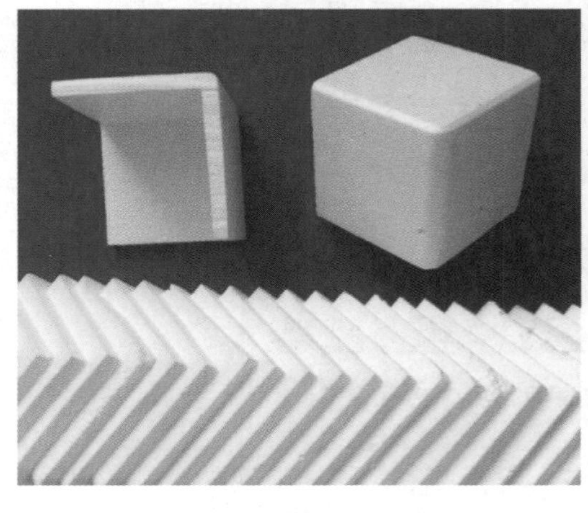

图 5.1　聚苯乙烯泡沫板

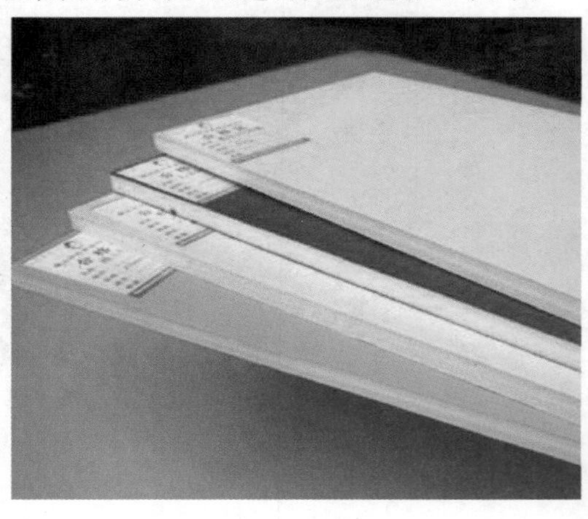

图 5.2　KT 板

5.2　聚苯乙烯泡沫模型的用途

聚苯乙烯泡沫材料一般可用来制作建筑体块推敲、演变过程的草模,城市设计及城市规划展示模型,以及一些有高差的原始地形的场地模型。

1)体块模型(建筑单体)

制作体块模型,可用概括、抽象的手法刻画外形,通过体块使设计构思变得清晰、明朗。用 KT 板配合大头针,可以重复利用原材料推敲建筑体块的演化,可体现出设计构思变化的过程(图 5.3)。

2)设计概念模型(群体规划模型)

设计概念模型是形象的立体化草图,具有概括性和可变性,主要表现整体的形态和空间体量关系,而不用刻画细节。概念模型根据设计构思展开,所以往往能够产生出多种形态的草图模型,供方案初期相互比较、研究和分析。由于 KT 板的颜色较多,所以可以用不同的颜色来简单表达建筑设计过程中建筑体块与外部环境的关系(图 5.4 和图 5.5)。

图 5.3　建筑体块模型

图 5.4　群体规划模型

图 5.5　设计概念模型

3) 场地模型(地形模型)

这种模型是对建筑所处外部环境的表达,它可以是原始地形(可以更直观地了解基地内部的高差问题),也可以是我们经过高程设计之后的地形(图5.6)。这种模型看起来较粗糙,但可以借助一些其他材料来装饰或者掩盖它的不足,以显得更精致。

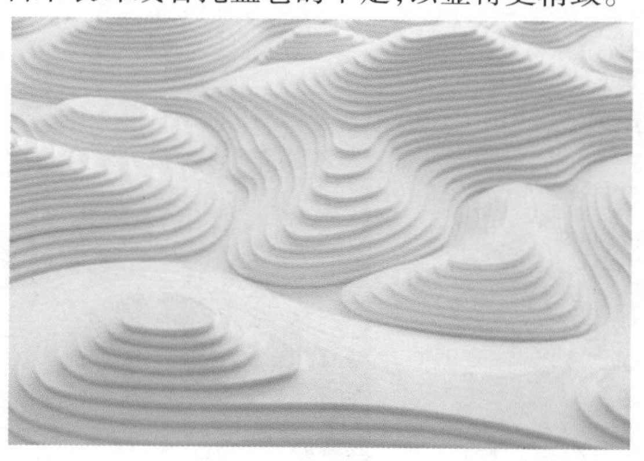

图5.6 场地模型

5.3 制作聚苯乙烯泡沫模型的主材和辅材

制作聚苯乙烯泡沫模型的主要材料就是KT板和聚苯乙烯泡沫板。

辅材包括白乳胶(乳胶、白胶)、不干胶(双面胶)、普通胶水、大头针(推敲模型时使用,可快速固定和及时拆卸)等,以及增强展示效果的其他材料。

5.4 制作聚苯乙烯泡沫模型的工具

制作聚苯乙烯泡沫模型的工具主要包括测绘工具、切割工具和打磨工具。

①测绘工具:直尺或者丁字尺、比例尺、三角板等,最好选择钢尺,在切割的时候不易被磨损;蛇尺或者各种模板,如圆模板、曲线板、矩形板等;圆规。

②切割工具:由于KT板和聚苯乙烯泡沫板的硬度都很低,所以一般用推拉刀或美工刀进行切割。但是为了使模型呈现最好的效果,较厚的板材最好采用泡沫板切割机来加工,切割机主要由操作台面、电阻丝和调压器组成,可自制,如图5.7所示。裁切后的表面要用砂纸或打磨机做进一步处理。

③打磨工具:砂纸或者砂纸机。

5.5 聚苯乙烯泡沫模型的制作方法和步骤

聚苯乙烯泡沫模型通常包括体块模型、地形模型和概念模型这三种模型。

5.5.1 体块模型的制作

体块模型主要用于反映建筑的体量大小和相互间的空间关系,其制作的主要步骤为:放线→下料→黏结成型。

①根据设计意图,算出比例,用铅笔和尺子在 KT 板上根据需要尺寸画出边界线,如图 5.8 所示。

②用切割工具(锯子、锯条或电热丝)沿着边界线把 KT 板切割成所需尺寸的块材。

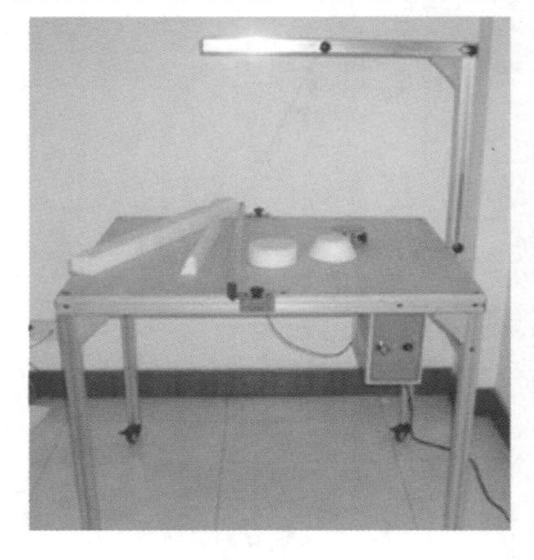

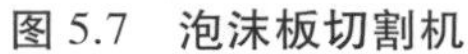

图 5.7 泡沫板切割机

图 5.8 在 KT 板上画线

③根据先墙后顶盖的顺序,将块材两两互相垂直或形成所需的角度后进行连接,并用大头针加以固定,直至胶黏剂干硬,如图 5.9 和图 5.10 所示。

图 5.9 固定墙体

图 5.10 固定顶盖

5.5.2 地形模型的制作

地形模型主要用于反映地形的形状和起伏变化等,一般采用薄板来制作,根据地形图和比例进行叠加。其制作的主要步骤为:放线→下料→就位固定。

①先用铅笔和测绘工具在 KT 板上画出每条所需等高线,如图 5.11 所示。

②确定每个等高线块材与相邻等高线块材之间的位置关系,做好标记,如图 5.12 所示。

图 5.11　KT 板上画线

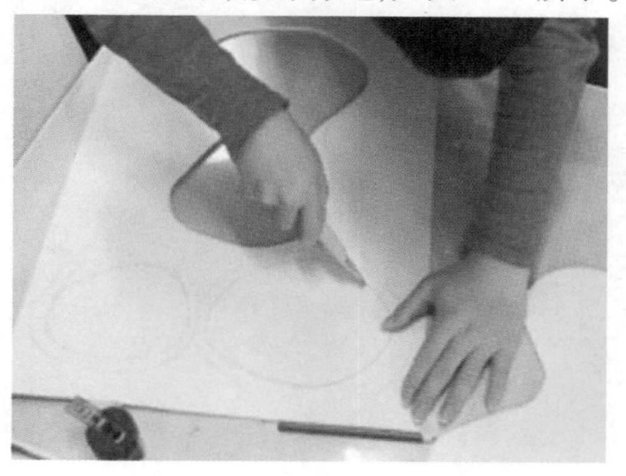

图 5.12　确定相邻等高线的位置关系

③按等高线由低到高的顺序依次叠加连接(一般地,地形模型是用于设计前期的基地分析,所以可以用白乳胶或不干胶等胶黏剂),如图 5.13 所示。

④最后,将地形模型固定在一个尺寸足够大的聚苯乙烯泡沫板上或模型底盘上,如图 5.14所示。

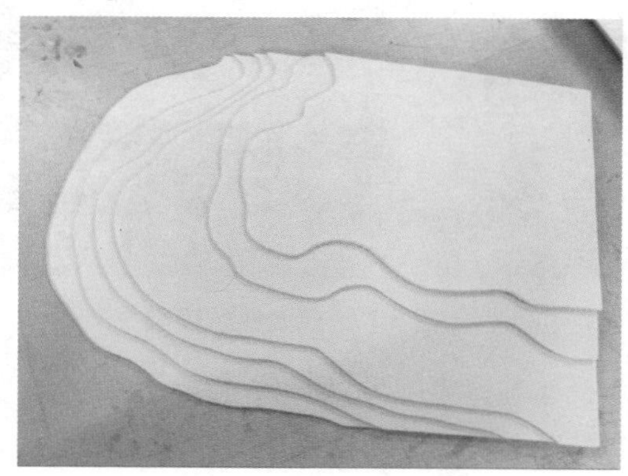

图 5.13　叠加等高线块材

图 5.14　完成地形模型

5.5.3　概念模型的制作

概念模型就是把体块模型放在设计之后的地形模型之上,可加上道路、铺地、绿化等配景。其制作的主要步骤为:制作建筑模型→制作地形→安装建筑模型于地形之上→制作安装配景。

①根据体块模型的制作方法与步骤,完成建筑模型,如图 5.15 所示。

②根据地形模型的制作方法与步骤,完成建筑的外部环境的地形模型(建筑模型与地形模型的比例需统一),如图 5.16 所示。

③根据设计需要,添加道路、铺地、绿化和基础设施等配景。这里的道路、铺地和草地可根据颜色来区分;若是单一颜色,也可以根据高差来区分,如图 5.17 所示。

④根据设计意图,把建筑模型放在地形模型中相应的位置上并固定,如图 5.18 所示。

图 5.15　建筑模型

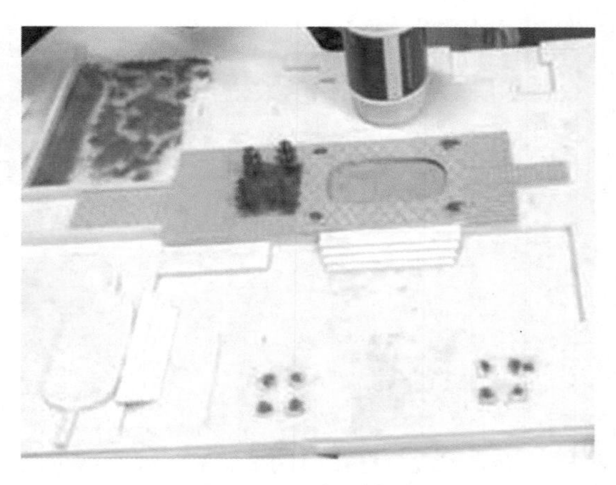

图 5.16　地形模型

图 5.17　添加环境设施

图 5.18　添加建筑模型

⑤最后在建筑周围及道路边上按照比例增添人、车和树等配景,如图 5.19 所示。

图 5.19　添加建筑周围的配景

6

其他类型模型的制作

除了前面章节介绍的材料外,制作模型的材料还有金属、石膏、油泥、竹制品等,这些材料也常用作各类建筑模型或场地模型制作的配套材料。

6.1 金属模型的制作

6.1.1 金属模型的特点及用途

金属材料的强度、耐久性、耐腐蚀性、硬度、刚度以及拉伸、抗冲击的能力较好,常用于制作模型中的小构件(因这些构件要求精美而且有足够的强度),例如树干的制作、家具的制作等。但由于实验室加工条件有限,金属模型制作难度大,所以大尺度的金属建筑模型使用较少,仅用于配景一类的小构件。

因此,金属模型常用作钢结构建筑、工业建筑和金属外墙建筑的模型,也常用作模型中各种小构件和配景,如建筑入口、栏杆等比较精致的建筑部分。

6.1.2 金属模型的主材与辅材

制作金属模型的主材以钢铁材料为主,如各类型材、板材、管材、金属丝及其他金属制品等;辅材主要是连接用材料(如黏结和焊接材料等)。

1)金属材料

金属材料具有自然材质的美,由它构成的模型设计作品感染力强,富有时代感和审美特征,给人的视觉、触觉以及心理带来强烈的冲击力。同时,金属材质的选用也增加了结构的强度。铁丝、金属薄板、金属网格(或型材)在建筑学的模型制造中,主要用于支承结构、钢结构、建筑物外观、栏杆的扶手等,如底板可用铝板制成,地板、墙壁、屋顶、交通和水域部分可用不同的金属薄板制成,整个模型主体可由许多着色的金属块组合而成。

金属材料分钢铁材料、有色金属材料及合金材料。直接用于建筑与环境模型表面的金属材料主要有钢铁材料、不锈钢、铝合金、铜和铅等,常用于底盘与面罩的制作以及环境模型中的管道、园林小品和植物骨架等。

在模型制作过程中,金属片、管、杆的制作均需弯折屈曲,人工通常屈折 0.5 mm 厚的金属片和较长较细的金属杆、管。对于较厚的金属板材及长度较小的金属片、管、杆等,要借助于工具来进行屈折。

2)不锈钢

不锈钢材料在空气、水等弱介质中不生锈,但遇到酸类强腐蚀性的介质仍会生锈。不锈钢模型坚固、精巧,如图 6.1 所示。另外,小型模型底盘边可采用不锈钢角钢或槽钢包边装饰;中型模型底盘可用不锈钢扣板或金属材料包边装饰;大型模型底盘宜采用金属材料做框,内贴不锈钢板包边进行装饰。大型模型的面罩也可以用不锈钢方管、圆管及钢球做骨架装饰。

3)铝合金材料

铝合金有着不同的颜色,如金黄色、青铜色等。铝合金材料的品种和用途,在小型模型制作中与不锈钢材料基本相同,但成本较低,加工成型更容易(图 6.2)。铝合金材料对酸、碱的抗蚀性极弱,因此不能使用玻璃胶黏结。铝合金比纯铝具有更好的物理力学性能(易加工、耐久性高),适用范围广,装饰效果好,花色品种丰富。

图 6.1　不锈钢模型

图 6.2　铝合金模型

4)铅

铅主要用来制作古建筑和放大的古建筑局部(如斗拱、檐口瓦当、栏杆等)以及复制古董,例如古典建筑模型中的一些复杂的檐口、栏杆等配件。铅的熔点低,熔化简单,铅制模型是通过将铅熔化后浇入模具经过冷却而成的,因此大量的前期工作花在模具的制作上。模具采用砖雕或削砂而成。现在一些铅制的模型成品在市场上可以买到,如小拱桥、四角亭、八角亭、九层塔等。这些成品只要比例选用恰当,用以点缀模型的园林部分,能起到一定的美化作用(图 6.3)。

5）其他金属材料或制品

铁丝（扎丝）是模型制作中常用到的一种材料，被广泛运用在模型树上。铁丝还可用于基层构造和支撑物的绑定，其加固强度大大高于胶黏剂，但要注意其外部装饰，不能过于凌乱或影响其他材料的使用（图 6.4）。

图 6.3　铅模型

图 6.4　铁丝树模型

在建筑模型中，螺钉主要用于连接大型的构建（尤其是建筑实体与底盘），连接后外观平整自然，无痕迹（图 6.5）。

在图钉、大头针的圆头表面粘上各色不干胶，可以模拟遮阳伞（图 6.6）。

图 6.5　螺钉模型

图 6.6　遮阳伞模型

许多金属制作的其他成品也可以用于模型，不仅效果逼真，还结实耐久。如一些电容器的铝制外壳，就可以用作模型中的金属罐或植物容器等。

6.1.3　制作金属模型的机具

因加工工艺需要切削、焊接、铸造、锻造等，可选设备有车床、转铣床、弯管机、折弯机等。小型工具有台虎钳（图 6.7）、锉刀、钢锯、夹钳、尖嘴钳、电烙铁（焊接用）和小型氩弧焊机（图 6.8）等。

图 6.7　台虎钳

图 6.8　小型氩弧焊机

6.2　石膏模型的制作

石膏是单斜晶系矿物,其主要化学成分是硫酸钙。石膏分为生石膏和熟石膏,生石膏常用于医疗,熟石膏主要用于工业材料和建筑材料,可用于石膏建筑制品及建筑模型的制作等,我们常说的石膏模型就是熟石膏模型。

6.2.1　石膏模型的特点

石膏的优点是可塑性好,可用于不规则及复杂形态的作品(图 6.9),复制性高(图 6.10),表面光洁,成型时间短,防火、阻燃性好;缺点是易碎、怕水、较重。石膏模型质地细腻,价格低,方便使用加工,成型后也易于进行表面装饰加工的修补,因此适用于制作各种复杂要求的模型,便于陈列展示。

图 6.9　石膏模型

图 6.10　石膏制品

6.2.2　制作石膏模型的工具

制作石膏模型的工具包括盛装的器皿(如橡胶或塑料的钵),搅拌和修整工具(如雕刀或小铲子、砂纸等),以及根据模型形状提前做好的模具,如图 6.11 至图 6.14 所示。

图 6.11 橡胶钵

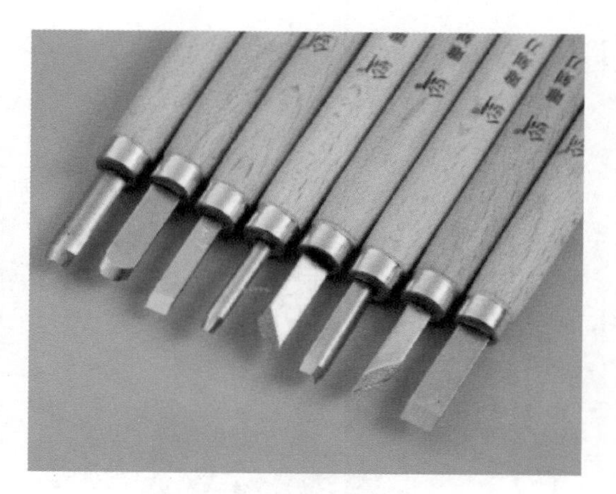

图 6.12 雕刀

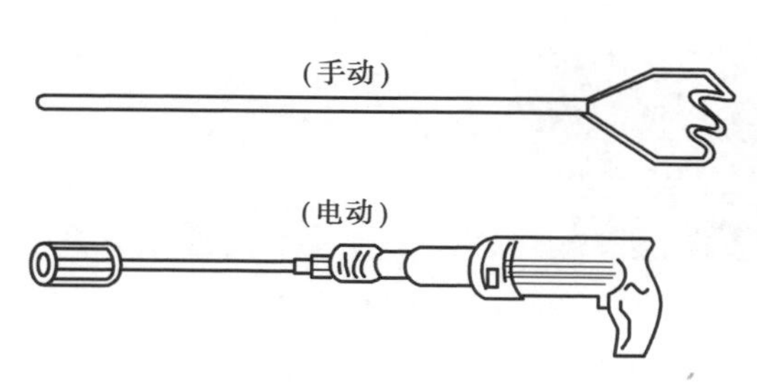

图 6.13 搅拌工具

图 6.14 模具

6.2.3 石膏的调配

在制作石膏模型之前，要先将石膏调配好。一般地，石膏粉与冷水按 1∶1 的比例混合，调制的方法将决定石膏的性质。

1）快速调制法

快速调制法是直接将水与石膏粉混合，边混合边搅拌。用此法调制的石膏硬化速度快，但相对来说硬度低，气泡多，不宜用来表现细腻构件。

2）慢速调制法

先盛水，然后向水中缓慢倒入石膏粉（切勿搅拌），待石膏粉吸足水后自然沉入水底，根据沉没的速度控制倒石膏粉的速度。静置约 15 min 后轻轻搅匀备用，尽量减少气泡。此种方式调制的石膏与水充分混合，气泡少，硬结速度相对略慢，成型后石膏细腻，利于表现细节。

6.2.4 石膏模型的制作

石膏模型的成型有三种方法——浇铸成型法、旋转刮削成型法、翻制成型法，下面分别介绍这三种方法的制作过程。

1) 浇铸成型法的制作过程

浇铸成型法的基本制作步骤为:石膏的调制→效果图绘制→雕刻→上色。

(1) 石膏的调制

①调浆。制作石膏模型,首先要掌握水和石膏粉的调配比例(即控制好石膏与水的配比关系),先放水再放石膏粉。石膏与水的配比一般为 1∶1 或者 1.35∶1(图 6.15)。

②搅拌。在搅拌前应先静置 2~4 min,且在注型时要先倒入水,再将石膏粉均匀地撒在水里让其自沉,直至撒入的石膏粉比水面略高。搅拌最好也要顺着一个方向并掌握力度,此时停止撒石膏粉。切忌将水往石膏上倒浇,这样容易产生凝结(图 6.16)。

图 6.15　石膏的调制

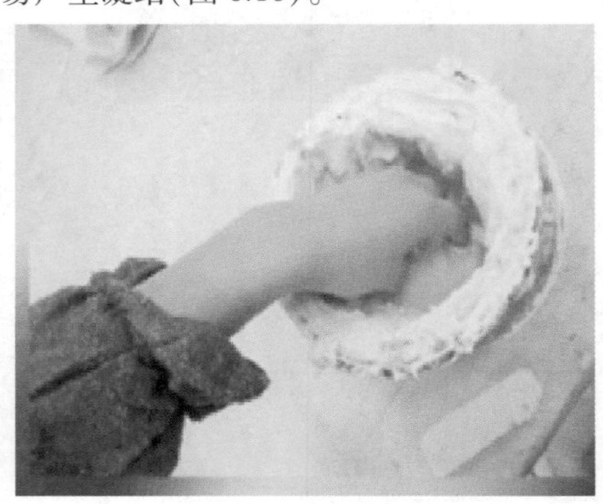

图 6.16　石膏的搅拌

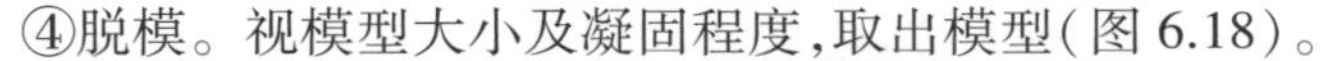

③干燥凝固。石膏凝固的时间与调制时水的比例、环境温度、搅拌的多少、是否加入其他介质有关,水越少、周围环境温度越高、搅拌时间越长,这样注入成型时所需的时间越短,反之则越长(图 6.17)。加入少量的盐也会使成型时间缩短。

④脱模。视模型大小及凝固程度,取出模型(图 6.18)。

图 6.17　石膏模型的凝固

图 6.18　石膏模型的脱模

(2) 效果图绘制

对照需要制作的效果图,在石膏坯上画好草图,按尺寸用雕刻刀切出大形,再进一步细致刻画。

(3)雕刻阶段

在石膏坯上雕刻出形体的凹凸变化,用刻刀雕刻。但要注意留有余地,以便进一步用砂纸打磨,使得模型表面光滑。

(4)喷绘上色

根据模型需要,在石膏上进行喷绘,使得模型更加逼真。

2)旋转刮削成型法的制作过程

旋转刮削制作石膏模型,需要手持刀具或样板,在刀架上对旋转成型机转轮上浇铸凝固的石膏毛坯进行切削加工。这种方法可用于制作各种圆筒、圆柱形状的回转体模型(图 6.19)。

图 6.19 旋转刮削成型法

3)翻制成型法的制作过程

翻制成型制作石膏模型,首先要先制好模具,然后将调制好的石膏浇铸进去,最后脱模后进行修补、表面处理和上色。

(1)黏结

①石膏粉调浆黏结。黏结时黏结件本身要比较湿润,表面清洁、无灰尘、无污物则黏结效果好。将需要黏结的两端倾斜 45°,倒入石膏粉浆进行黏结,将断面对齐并用重物压紧,或用绳子捆紧,待干透后即可。

②以石膏粉与白乳胶黏结。将石膏粉与白乳胶调和均匀后,抹入两被黏结面处,并压紧或捆绑牢固,待干透后即可。

(2)填补

对于在翻模和模型加工过程中出现的一些凹坑、气泡、缝隙等缺陷,需要及时填补。其方法较为简单,先将凹坑、缝隙清理干净,然后用水湿润,再用毛笔或小毛刷蘸石膏粉填补,干后用砂纸磨平即可。如果凹坑面积较大,可浇上一层石膏浆液,也可补上一块石膏块,待干透后再进行加工。另一种方法是,将所需填凹坑处用小塑刀清理干净,然后刮涂水性腻子灰。腻子灰不能刮得太厚,否则不容易干,且易产生裂纹。待第一次干透后,再刮补第 2 次或者第 3 次,直到刮补平为止。

(3)着色

着色的操作同浇铸成型法。

6.3 竹制模型的制作

6.3.1 竹制模型的特点及用途

竹制模型就是用竹子作为主要原材料制作的模型,它的特点是不开裂,不变形,质地轻,方便携带,环保。

竹制模型常用于古建筑(图 6.20)和民居建筑模型(图 6.21)的制作,可以逼真地再现宏伟的建筑,也可以清晰地展示古建筑的构件。

图 6.20　竹制古建筑模型

图 6.21　竹制民居建筑模型

6.3.2　竹制模型的主材与辅材

主材:以竹子材料为主,如竹签、竹条等竹制品。

辅材:主要是作为黏结材料的胶水,如 UHU 万能胶、502 胶、滴胶管、白乳胶等。

6.3.3　竹制模型的工具

因加工工艺需要切削、黏结等,因此使用到的工具主要有美工刀、锉刀、钢锯、剪刀、砂纸、镊子、手钻等。

6.3.4　竹制模型的制作步骤

下面以竹签制作的建筑模型为例,讲解竹制模型的制作步骤。

(1)绘制图纸

先将要制作的建筑模型按比例绘制到图纸上,如图 6.22 所示。

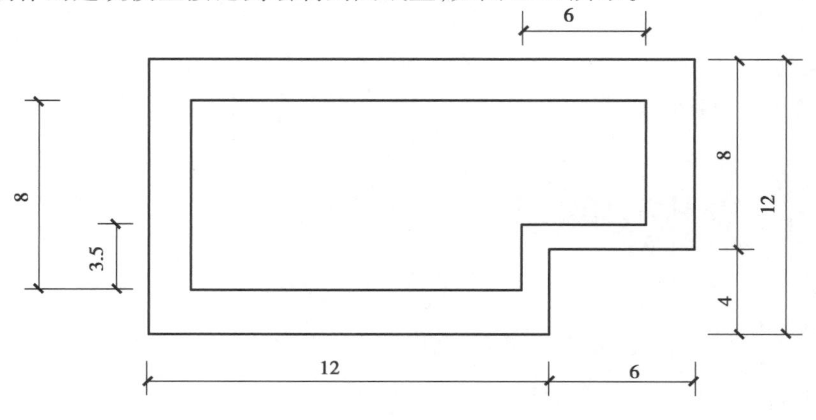

图 6.22　绘制建筑平面图纸

(2)修剪竹签长度并黏结

将竹签按图纸尺寸剪切并编号,然后依次对各部分进行黏结,如图 6.23 所示。

(3)组装

将已黏结好的各部分组装起来,完成模型制作,如图 6.24 所示。

图 6.23　建筑模型制作

图 6.24　竹制建筑模型

7

外环境模型的制作

在进行建筑设计时，模型不仅能帮助设计者更好地推敲方案，更是辨识和分析的工具。建筑与环境模型主要分为三种：地形学模型、建筑主体模型和特殊模型。

通常在开始制作建筑与环境模型之前，我们需要先制作地形学模型。地形学模型包括了地形模型、景观模型和花园模型。地形学模型的任务是客观地表现一个现有地形（如山地场景或景观环境），同时还有一些特定空间环境的表现（比如城镇空间、交通、绿化和水面）。此外，还需要按比例表现出地面的材质、篱笆围墙、车辆和人物等。所有这些元素都应该按照比例制作，常用的比例为 1∶50~1∶2 500。

地形模型对场地、环境及现有物体的比例要求十分严格，这关系到后期建筑模型比例的匹配问题。地形模型通常可以看作建筑模型的基础，对地形、景观和绿化一般应采用较大比例，以便对绿化或地形进行特殊表现。

概念阶段的地形模型是设计初期分析场地的常规工具，设计中后期地形模型可以发展和改变为工作模型及展示模型。

模型制作的过程一般可以分为和设计相对应的 3 个发展阶段，当然，地形学模型也同样分为这样 3 个阶段：

第一阶段：概念生成—概念草图—概念模型；

第二阶段：草图设计—建筑设计—工作模型；

第三阶段：图纸生成（平、立、剖面图）—展示模型（实作模型）。

地形模型首先通过设计草图表达出实际地形情况（也就是等高线及其变化），然后表达出交通、绿化和水面。

1）概念模型

概念阶段的地形模型较为简单，只需对设计场地环境的基本要素进行客观准确的表达即可,因此这个阶段的地形模型最好是容易被调整和改变的。但一个深入的地形模型必须是准确的,地形模型主要以等高线或者剖断面的形式表达出地形情况。

2)工作模型

进入工作模型阶段,地形模型的制作过程和表现内容就会相对系统。首先要严格按比例表现带有现状道路的场地,同时表达地形中的各要素(如树木、交通、绿化和水面,甚至是场地中原有的构筑物、小品等),还要结合建筑模型安放的需要,在地形模型上预留出位置。这个阶段的模型可以继续被加工,最终发展为实作模型。

3)展示模型

展示模型需要符合设计预期的最后使用情况和表现效果。它包含关于地形学、建筑、道路指示、交通、绿化和水面的最终表现,所以应该包括现状的和规划设计后的所有内容,此外还要反映建筑设计的特点以及与场地的关系。

7.1 模型底座的制作

环境模型一般与模型底座形成一个整体,所以模型底座制作是环境模型制作的第一个步骤。模型底座是整个模型的基础构建,是承载地形、建筑等内容的基本单元,同时也是主要的承重构件,所以底座的制作显得尤为重要。

7.1.1 前期准备

在底座制作和造型之前需要注意以下几个要点:

①底座是模型整体的一部分,需要考虑是否制作成可拆分的。

②底座的规格:按照预定的模型比例大小或者已有的制作要求,确定底座的制作规格。同时,底座上的地形等应该和建筑模型保持相同的比例。此外,还需要考虑底座是否应该和建筑体地面合而为一。

③水平面标高:底座是地形的支架,其上能进行完整的建筑模型布置。在制作底座时,应结合地形整体考虑模型标高的问题,建议选择底座为水平面±0.000,以使其上的其他部件能清晰可见。

④等高线和地下部分:底座制作前应考虑清楚等高线如何表现,地形如何与底座衔接,建筑若设有地下部分,应如何表现。

⑤材料、结构和制作:选择什么材料、什么结构来实现底座需要的承载力和稳定性?底座应该有多重?还要考虑如照明设备等设施的安装方式和安装位置。

⑥为了表现更深的区域,是否需要在底座上开洞。

⑦如果模型需要考虑灯光效果,则需要在制作底座时提前预留孔洞。

⑧底座的制作还需要考虑后期模型的运输问题等。

7.1.2 形状和材料

1)底座的形状

制作底座时,首先需要考虑底座的形状选取。底座的形状可以分为矩形(正方形或长方形)、多边形(规则的或者不规则的)、自由造型(配合地形或者建筑的随机形状)。为了制作和运输的便利,底座的形状通常以矩形居多。在选择底座形状时,还需要考虑地形结构和建筑布局(它们之间会相互影响),底座形状会影响建筑与建筑、建筑与场地之间各种关系的表现,同时会影响观看的角度。

2)底座的材料

底座是整个模型的基础,其基本功能是承托模型并承重,所以制作底座的材料一般会选择坚固同时又便于加工的材料,如细木工板(图 7.1)、硬质泡沫(图 7.2)、厚 PVC 板(图7.3)等。面积较小的底座也可以用厚纸板或 KT 板(图 7.4)。一些制作底部结构所需的材料也包括有机玻璃(图 7.5)、铝塑板(图 7.6)、反光片、薄铝片等。依据初始概念制作的模型,也经常利用未加工过的盒盖、玻璃、石板等,以表达创作者的设计理念。

图 7.1　细木工板

图 7.2　硬质泡沫

图 7.3　厚 PVC 板

图 7.4　KT 板

图 7.5　有机玻璃板

图 7.6　铝塑板

底座应当是稳固的,能够承重且不会变形。因此,对于薄铝片、反光片、有机玻璃及其他类似的易损坏的材料,需要一个稳固的底座(用木片、细木工板制作),可以将其从下方固定住或者从上方钻孔嵌入。

制作底座时,其边框一般高出几厘米,这样底座底部或地形的结构就不会显露出来,如果是玻璃底座,周边必须磨光和去掉棱角,以免伤人。

7.1.3 支撑和框架

模型除了底座之外,一般还有支撑平台和支撑体系。

在模型底座的底面关键点位置可以考虑安装脚垫或支脚,一是能保证将模型稳定地安放于平面上,二是方便模型搬动。底座设脚垫或脚架时,材料一般为橡胶或其他软质材料,脚架也可以直接用桌子来代替,这样会相对稳定又便于搬动。

脚垫和脚架的高度选择,主要由使用目的和模型安放地点决定。比如在室内展示时,可以选择安装较高的脚架,然后将模型置于平整的表面上;如果在室外展示,则可以选择安装低的脚垫,可以使观看者从鸟瞰的视角观察模型。

7.2 地形的制作

7.2.1 制作要点

底座制作完成之后,就可以在底座上制作地形。地形模型十分重要,因为它能表达场地本身及与建筑的各种复杂关系,同时表达建筑周边的环境情况。在制作地形之前,首先需要先明确以下几点,以便于材料的选择、工具的选择和地形制作技巧的确定。

1)地形中的可变要素和不可变要素

地形在制作之初是客观地反映场地情况的,但随着建筑模型的加入,地形中有些要素需要随之变动。因此在制作地形时,需要明确地形中哪些要素是可变的,哪些是不可变的,以便确定不同的地形要素(如道路、斜度、挡土墙、阶梯和山地建筑与地面的连接)选择什么样的材料;材料应选择便于加工的,以利于必要的调整和修改;同时应该确定地形的形状、建筑的位置和规划的道路;尤其需要考虑底座和地形结构的选取,以保证在不破坏模型整体的情况下,方便对等高线进行再加工。

2)地形表达形式

地形的表达形式是多样的,可以是具象的、自然的,也可以是抽象的、概括的,这需要根据最终展现效果的要求来确定,尤其是交通、绿地植物和建筑等要素,不同表达形式需要对应不同的材料及不同的制作方法。

3)场地新旧关系的体现

地形上是否需要反映出现状和新规划之间的关系,会影响地形的建造,这决定了新规划的要素是否需要从视觉上相应地表现在现状上,或者在材料、加工、细节和颜色上进行对比。

7.2.2 比例、材料与色彩

1)比例

地形的制作比例通常与建筑模型的比例相同,或者根据任务书的要求来确定。一般对于中小场地的建筑模型,常规比例为 1∶50~1∶200,较大场地的城市模型制作比例可达 1∶500或者更大。在制作地形尤其是制作分层的地形时,必须选择符合模型比例的材料厚度,才能更好地模拟实际高差变化。比如制作高差 1 m 的地形,在比例 1∶100 时,每层等高线所用的材料厚度是 10 mm,材料厚度越大,越不方便叠加,所以选择合适的比例十分重要。

2)材料

可以用作建造地形的材料较多,根据地形所选择的表达方式、类型和比例不同,使用的材料也不同。

制作地形使用的材料按场地要素分类,可以分为土地及山体、水体、植被、道路及其他,下面分类说明。土地及山体是地形建造的主体,由于天然的地形很不规则,因此在制作模型时需选择塑型效果好同时又便于控制的材料,如石膏、黏土、雪弗板、PVC 板、泡沫板、KT 板、三合板等。泡沫板采用泡沫切割机或曲线锯进行加工,厚度可选,多层叠加后十分便于加工,是常用材料。水体是地形中经常会出现的重要元素,在地形模型中,水体的表现有多种形式(如图 7.7 和图 7.8),可以具象表达也可以抽象表达,后面章节中会具体详述水体的制作。

图 7.7 模型中水体的表达 1

图 7.8 模型中水体的表达 2

当比例和材料都选择无误之后,能为地形锦上添花的就是色彩了。地形建造完成之后,一般要对场景进行整体上色来模拟真实环境,可以手涂也可以喷涂,然后配合使用模型漆。模型漆分油性和水性两种(如图 7.9 和图 7.10),可根据不同的需要进行选择。使用得比较多的是 Vallejo AV 喷涂漆,用它来逐层、逐步上色就可以达到不错的效果。

7.2.3 地形的制作

地形一般分为 3 种形式:整体式、重叠式和分层式的阶梯结构,内部架空的倾斜面或复合式的平面,以及自由的不受限制的地形。

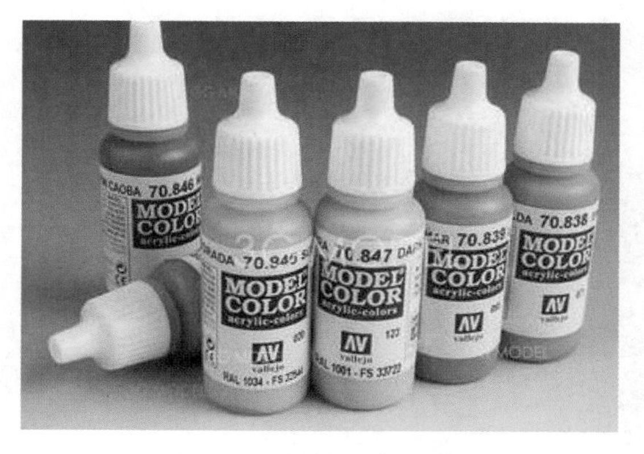

图 7.9　油性模型涂装颜料

图 7.10　水性模型涂装颜料

1)阶梯结构

阶梯结构造型是建造地形模型时最常用的一种方式,也是较为简单的实现高差变化的一种方式。制作前应首先熟悉和分析地形图,对等高线进行整理。一般地形图都较为复杂且线型和图例较多,不适合直接拿来制作地形,因此需要对等高线进行必要的合并和删减。原则上首先是要简化等高线,以便用最少的材料来表现最好的地形效果,其次是要能够较好地配合材料本身的厚度,并加工最少的材料。

(1)完全分层式

地形图的等高线处理完成后,需要按照模型制作的比例打印出来,贴在材料上,然后参照每根等高线切割材料。按每根等高线切割一块板,依顺序由低到高将每块板重叠起来,就可以得到一个阶梯结构的分层式地形(如图 7.11 和图 7.12)。这样得到的地形,每层都可以拆分,好处是可以对每一个高度层进行单独加工,难点在于每层的厚度需要和同比例的高差相同或相近。

图 7.11　完全分层式地形 1

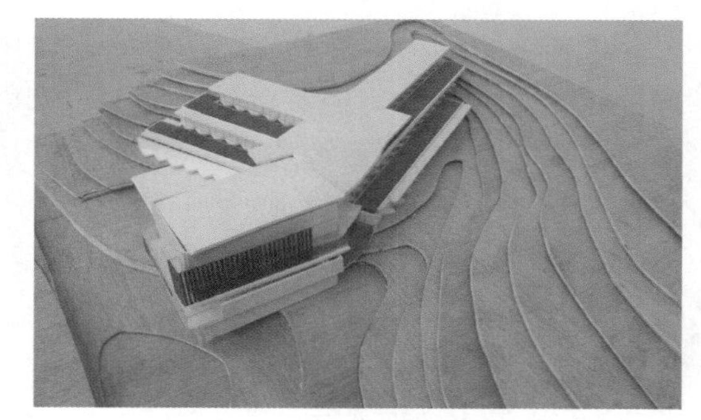

图 7.12　完全分层式地形 2

(2)整体式

整体式的地形(如图 7.13),是在一整块材料表面进行切削,形成阶梯式的等高线,用以表现地形的高差变化。处理等高线的方法同上,还是要将打印好的等高线图纸贴在材料表面作为参考。整体式除了利用板材切割制作地形外,还可以使用石膏或者黏土直接塑形,这样产生的地形虽然没有板材切割形成的平面规整,但是相对更自然、逼真。

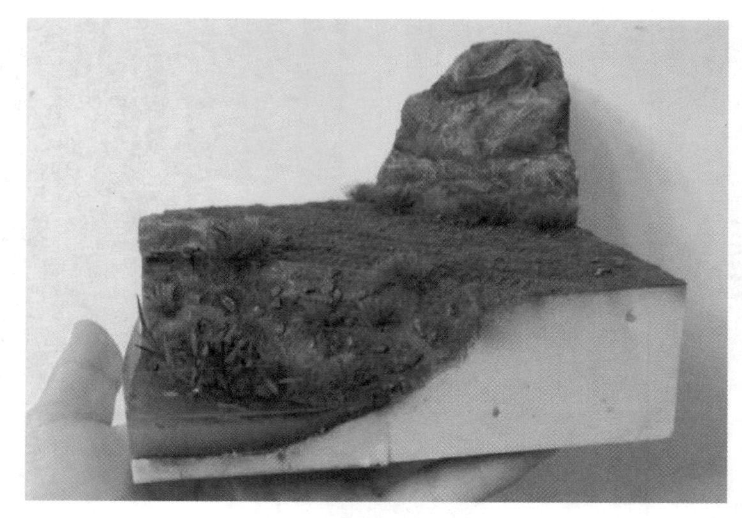

图 7.13 整体式场地模型

(3)局部分层式

局部分层式是将每一个底层在同一块板材上进行切割,并在一个经过分层的底部结构上固定。这种方式的优点是较为节省材料,还可以减轻模型自重。但是选择底层材料时需要选用较为结实的材料,如胶合板、ABS 板、PVC 板、有机玻璃板等。

采用分层式和整体式制作出的地形都是一个整体,整体式的内部通常是实心的,相对更浪费材料且整体质量较大。但由于地形内部无须直接展示出来,所以还可以制作内部挖空或者填进塑料泡沫之类填充物的地形,特别是制作比较陡的地形时,这是较为合理的解决方式。而且局部分层式表面的分层平面可以继续加工,可以在一定的深度上进行后期修改,也可以利用其稳定性好这一优点,安装可以拆卸的底座。

(4)重叠式

重叠式也是阶梯结构地形模型制作中常用的方法。制作时需要准备两块相同大小、相同厚度的板材,将打印好的等高线图纸贴在两块板上,让等高线逐层升高,并在旁边编上编号,然后将一块板子沿着所有的偶数等高线进行切割,而另一块板子则根据奇数进行切割。每块板材在中间的位置上画线,作为连续粘贴时准确就位的参考线,最后将两套板材交替粘贴堆码,最后在内部填充支撑材料。这种方式既节省了材料,也减轻了自重,但要求支撑材料非常坚硬,才不会导致变形。

2)斜面式地形

当阶梯结构的地形不利于表现、等高线数据不明确或者建筑受到影响时,斜坡式地形就是另一个解决方案。制作斜坡地形时,需要的是坡度数据或者等高线数据。如果有坡度数据,直接利用一整张板材按比例制作斜面就可以,或者以两条或多条等高线之间的高差计算坡度形成一个斜面,连续的若干个斜面就形成了地形。

由于斜度连续延伸于每条等高线之间,从最低点的底部结构开始将整个斜面加以固定即可。需要特别注意的是,地形和建筑模型之间的连接必须按照计算草图来精确完成。

一个地形中若有两个或多个不同坡度的斜面,可以用这种方式制作出表面呈菱形分割的地形模型。

3)不受限制的地形

不受限制的地形可以更逼真且自然地表现实际地形的变化。制作不受限制的地形模型有以下 3 个步骤:

①首先需要制作一个底部结构,可以使用软性聚苯乙烯泡沫板、软纤维板、夹板或多层波纹纸进行加工。底部结构可以依照地形做简单塑型。

②在底部结构上安放一个编织物(如黄麻、布、纱网、石膏或金属丝格网),然后在编织物上涂抹胶水(可以使用白乳胶、UHU 胶或者壁纸胶等),进行造型后晒干。其厚度和编织物层数根据地形进行确定。如果使用金属丝网格作为承载,则可将其钉在底部结构,取 10 cm×10 cm大小的报纸或者纸板,用胶水浸湿后一层层叠在金属丝网上面,待干燥之后就可以用它进一步加工地形,这样形成的地形模型既轻巧又富有弹性。

③最后,用锉或磨刀在其上轻微打磨进行最后造型,并确定其固定形式。

7.3 水体的制作

水体是地形中的一种重要元素,水体制作是地形模型制作中重要的一部分,但是其制作和表现需要选择适合的材料单独进行。水体的表达通常有两种形式:抽象的水和具象的水。不同表达形式的水,需要的材料和制作方法是不相同的。

7.3.1 材料

如果想抽象地表达水体,通常可以选用的材料有:蓝色卡纸、条纹纸、波纹纸、水粉或丙烯颜料、有机玻璃板等。

如果想要具象地表达水体,现在较为主流使用的材料为环氧树脂(图 7.14)、Vallejo 假水(一款西班牙进口模型漆,如图 7.15 所示)和亚克力磁漆,用来模拟水体其效果十分逼真。除此之外,还可以用有机玻璃搭配蓝色模型漆来模拟水面。

图 7.14 环氧树脂 AB 胶

图 7.15 Vallejo 假水

7.3.2 做法

制作水体前，首先要在地形模型上预留出河道或池塘的位置和深度。

制作抽象的水体相对比较容易，通常的做法是在有机玻璃板下面放置蓝色卡纸或波纹纸（直接放在其下面或者在下方有一定距离的位置处）。此外，也可以在有机玻璃下使用颜料从浅到深地进行上色，反映出由边缘至深处颜色的变化。

如果需要制作相对逼真的具象水体，那么首先要做好防水处理，保证模型中所有有水的地方都是防水的。防水处理一般是在地形材料表面涂刷亚格力磁漆，边角的位置使用 UHU 胶进行修补密封（这里不能马虎，否则后果难料）。

模拟水体常用的材料是环氧树脂。环氧树脂自己不能固化，因此还应配套购买环氧树脂固化剂，一般按 1∶1 的比例调和均匀，涂抹于需要黏结或密封的部件上，在常温下 24 h 才能固化（使用方法类似于 AB 胶）。在环氧树脂里面可以加入水溶性模型漆或者水彩颜料，以调出需要的水的颜色（颜料只需少量即可，否则会影响透明度）。将环氧树脂搅拌均匀，倒入预留好的河道或者池塘，放入密封处待干即可（一般需要 24 h）。为节省假水材料，也可以将一些形状简单的物品放进河道或池塘中，比如一艘船、枯树枝或者水生植物等。在注入假水和假水未完全干燥之前，一定要注意清理地形模型表面，防止灰尘和杂物落入其中，以保证水体的透明效果（图 7.16 和图 7.17）。

图 7.16 环氧树脂制作水体 1

图 7.17 环氧树脂制作水体 2

7.4 道路的制作

模型中需要制作的道路主要包括城市道路（主干道、次干道和街巷道路等）、乡村道路和铁路等，各类道路的制作方法如下：

1）城市道路

城市道路很复杂，有主干道、次干道、街巷道路等，所以在表示方法上也不应一样，下面介绍几种常用的表示方法：

①用色彩适宜的 ABS 板或卡纸制作道路的路面，将 0.5 mm 厚的白色赛璐珞片裁成宽 1 mm以下的细条粘在道路上来制作路牙石。这种方法适用于制作主、次干道。

②用植绒纸或薄有机玻璃片将不是道路的部分垫高,这样产生的高差会使道路边线十分清楚地显示出来。这种方法适用于制作街巷小路。

③用即时贴裁成细条贴在边石线上,弧线部分用白水粉画出来。

④全部用白水粉画出街巷边线。

2)乡村道路

乡村道路可用60~100号黄色砂纸按图纸的形状剪成。在往底座上粘时,要注意砂纸的接头必须对好、粘牢,防止翘起。最好用透明胶纸在背面将接头粘牢后再粘到底座上,这样才能保证接头部分不裂缝、不翘起。

3)铁路

窗纱不仅能用来做栅栏,也可用来做铁路。具体做法如下:取不能抽动纱线的窗纱一块,染成银白色或黑色,裁成小条贴在适当的位置即成铁路。如果模型比例尺很大,可将有机玻璃片裁成薄的细条来制作,也可裁赛璐珞板来制作。

7.5 植物的制作

植物是建筑外部环境模型中重要的组成要素,根据其体量和形态的不同,大致可以分为乔木、灌木和草坪。这三类植物在模型制作中也对应有各自的制作方法。

7.5.1 乔木的制作

乔木是指具有明显的独立主干且有一定高度的木本植物,因此在制作乔木时要考虑对应的比例关系,使乔木的体量与周围的主体建筑比例协调。在具体的制作中,又可根据风格的不同分为抽象型乔木和具象型乔木。用于制作乔木的材料可以是彩色纸片(图7.18),也可以是细铁丝加海绵(图7.19),还可以是废旧塑料,在表现短期效果时也可以用真实植物的一部分进行组合加工(图7.20)。互联网上和市面上也有成品的乔木模型售卖,有多种形态和大小可供选择(图7.21)。

图7.18 用彩色硬纸片做的抽象的树

图7.19 用细铁丝和海绵做的具象的树

图 7.20　以真实植物的一部分来做树

图 7.21　市场上售卖的乔木模型

7.5.2　灌木的制作

灌木根据其形态和用途的不同分为丛生灌木、球状灌木和绿篱等。丛生灌木为自然生长,形态不规则,其制作与乔木制作中的铁丝加海绵的方法类似(图 7.22)。球状灌木和绿篱是经人工修建过的,有很规则的外轮廓,因此可以用彩色海绵剪成相应的球状或条状来布置外部环境(图 7.23)。

图 7.22　铁丝和海绵制作的灌木丛

图 7.23　彩色海绵制作的绿篱

7.5.3　草坪和草地的制作

草坪在整个外环境中所占面积比较大,但其高度可忽略不计,色彩也比较单一,所以制作相对比较简单。草坪根据所处的地形可分为平地草坪和坡地草坪。平地草坪一般可以用剪裁好的植绒纸进行粘贴,也可用草粉,但后者成本相对较高;坡地和有起伏变化的草地不便使用植绒纸,因此用草粉制作。

由于在模型中草坪所占的面积较大,因此选好它的颜色很关键。常用的草坪颜色有深绿、土绿和橄榄绿。在颜色选择时,要注意与主体建筑及周边环境相协调,一般在大面积铺设草坪时选用深绿色的比较多。

用植绒纸铺设草坪时,首先要按图纸形状将植绒纸裁剪好,然后再将植绒纸粘贴到对应的底座上。铺设植绒纸时要注意以下两个问题:一是由于植绒纸在阳光照射下其不同方向会呈现出深浅不一的效果,因此植绒纸的铺设方向要一致;二是植绒纸粘贴时要先在一角进行定位,再从上往下慢慢粘贴,防止中间有气泡产生,保证粘贴面的平整(图 7.24)。

图 7.24　铺设植绒纸

用草粉铺设草坪时,先在需要铺草坪的区域涂上白乳胶(或透明胶水),然后将草粉均匀地洒在胶液上并轻轻按压,再将其放置一边干燥。也可用染色的锯末来代替草粉,以节约成本。最后,清除掉多余的粉末,对有缺口的地方稍加填补(图 7.25)。

图 7.25　用草粉铺设的草坪

7.6 照明设施的制作

在制作展示模型时,为了使效果更加生动,常会在模型中加入灯光效果。

7.6.1 照明设施的布置

根据所要呈现的景观效果,外环境模型的照明设施一般由建筑外部效果灯、街道效果灯、水系效果灯、顶置照明灯等组成。在进行照明灯光布置时,要注意从整体性出发,先进行全面的构思、设计、布置,再进行细部的变化。同时,要考虑冷暖灯光氛围的营造(图 7.26)。

图 7.26 模型照明整体效果

7.6.2 发光显示材料

如图 7.27 至图 7.30 所示,用于外环境装饰的发光材料主要有小灯泡、光导纤维、发光二极管、LED 灯带等。小灯泡亮度高,易安装,但易发热;光导纤维光点直径小,适用于表现线状景物;发光二极管(LED 光珠)耗电量小、价格低,并且不易发热,适用于点状或线状景物。

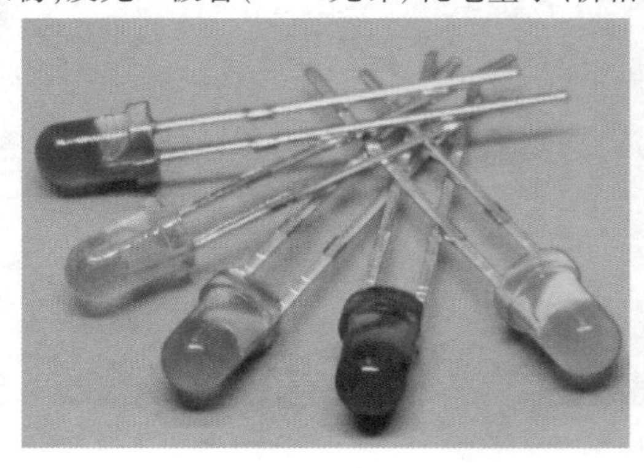

图 7.27 发光二极管(LED 光珠)

图 7.28 光导纤维

图 7.29 LED 灯带

图 7.30 发光模型灯

7.7 环境小品的制作

环境小品包括景观建筑小品、雕塑、围墙及烘托环境氛围的小汽车、人等,这些元素的加入可以让模型显得更加生动。

7.7.1 景观建筑小品的制作

模型中常见的景观小品有亭和廊架,这两者都是构成景观的主要元素,因此在制作中要注意其形体、材质、比例、细节等多个方面。用于亭和廊制作的材料主要有 ABS 管、木条(或牙签)、橡皮泥、卡纸、薄木板等,如图 7.31 和图 7.32 所示。制作的基本方法为:根据整体环境特色选择合适的材料 → 根据比例进行部件裁剪 →黏结→ 外立面装饰 → 固定。

图 7.31 用 ABS 管制作的廊架

图 7.32 中式庭院中用木条和牙签做的廊架

7.7.2 围墙的制作

围墙有实体墙和镂空墙之分,实墙可以用有一定厚度的 KT 板来制作,外面再贴饰面纸(图7.33);镂空墙可用拼接法或贴纸法来制作。拼接法是用 ABS 管、牙签等进行等距离的排列、黏结;贴纸法是用即时贴粘贴于有机玻璃片上,制造出镂空的效果。

7.7.3 小汽车的制作

小汽车是模型环境中常见的点缀物,主要发挥两方面功能:一是示意性的功能,即在停车处摆放若干车辆,则可明确提示此处是停车场;二是表示比例关系,通过此类参照物,人们可以了解建筑的体量及与周边关系。

模型中用到的小汽车通常是不同比例的成品小汽车模型(图 7.34),也可以自行用彩色橡皮、ABS 板和有机玻璃板进行手工制作。

图 7.33　实体墙展示

图 7.34　环境中的小汽车模型

室内模型的制作

8.1 室内模型的特点

室内模型制作涉及繁多的细节和小型构件(例如家具陈设),一般采用的比例为 1∶10~1∶50,要求逼真地反映出建筑内部各处的细节,如窗格的凹凸、玻璃的质感、栏杆的样式、墙面的分格,甚至灯光效果等。

室内模型的底盘较简单,一般不做室外环境。室内模型的墙面可用透明材料制作,以较好地反映建筑内部的空间关系、室内的布置方式和装修效果等,如图 8.1 和图 8.2 所示。室内模型还常用透明有机玻璃来制作楼板,以便于展示建筑内部的空间关系和室内设计的效果,或者干脆不做上层楼板,使一层或一套住宅内部关系全部展露无遗。

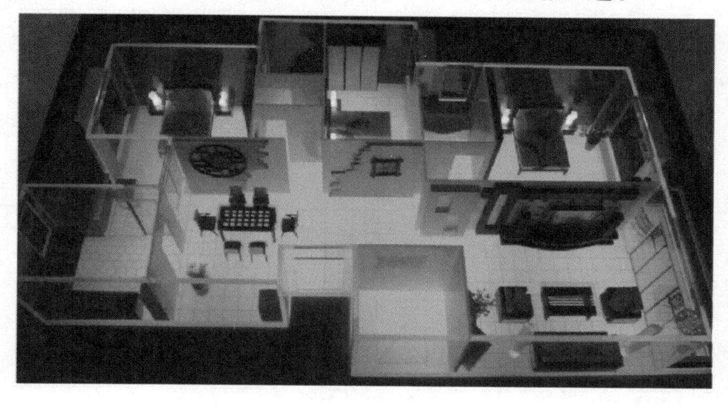

图 8.1 室内模型 1

图 8.2　室内模型 2

为保证展示效果，室内模型应尽量采用制成品来组装而减少手工现场制作，例如用瓶盖制作植物容器、用成品模型型材（家具和灯具的模型成品）布置室内等。由于展示的是大家较熟悉的建筑内部空间环境，因此对于各种材料的表面肌理（如图案等），应注意使其比例关系与建筑相一致，以免产生误解。

8.2　制作室内模型的主要材料和工具

制作室内模型的主要材料和工具详见表 8.1。除必须有一般的模型制作工具外，室内模型制作时还会用到能加工复合材料（如 PVC、有机玻璃、KT 板等）的工具，以及加工小物件所需的工具（如镊子、气吹、小刷子等）。

表 8.1　制作室内模型的主要材料和工具

类　型	名　称	主要用途	厚度/mm	剪裁切割工具	黏结固定材料	备　注
主材	吹塑纸	墙面、地面	1.0	美工刀、剪刀、手术刀	白乳胶	可着色、划痕
	太阳膜	窗户等	约 0.1	美工刀、剪刀、手术刀	白乳胶	
	透明胶片	窗户等	约 0.1	美工刀、剪刀、手术刀	白乳胶	
	亚克力板	墙体等	1~3	尺子、钢锯、勾刀、激光机、电磨机 激光切割机	环氧树脂、三氯甲烷	用注射器、镊子
	奥松板	家具、木质模型	2.5~30	工具刀、电锯、修边机、曲线锯	万能胶、木胶粉	
	PVC 板	楼地面、墙体	2	勾刀、45°切刀、锉刀、剪钳	502 胶、三氯甲烷	用注射器、镊子

续表

类　型	名　称	主要用途	厚度/mm	剪裁切割工具	黏结固定材料	备　注
主材	珍珠板	楼地面、墙体	0.7~30	KT板刀头、美工刀、手术刀	502胶、万能胶	没有覆膜的KT板
	KT板	楼地面、墙体	1.5~3	KT板刀头、美工刀、手术刀	502胶、万能胶	有覆膜的珍珠板
	ABS板	楼地面、墙体	1~3	勾刀、电磨机	502胶、AB环氧胶	用注射器、镊子
	卡纸	墙面、地面等	0.05~3.2	手术刀、美工刀	白乳胶、双面胶	
	成品模型	家具、洁具等			502胶、万能胶	用注射器、镊子等
辅材	打印纸	光洁的墙表面等	—	美工刀、剪刀	胶水	
	棉花	绿化	—			
	各式贴图贴片	界面表面	—	美工刀、剪刀、手术刀		
	模型草皮	地毯、草皮等	1~3	美工刀、剪刀	白乳胶	
	砂纸	地毯、个别墙面	0.3~2.5	美工刀、剪刀	白乳胶	可着色
	墙纹纸	内墙面		美工刀、剪刀	白乳胶	
	砖纹纸	外墙面		美工刀、剪刀	白乳胶	
	不干胶	界面表面		美工刀、剪刀		
	小碎布	窗帘、地毯		美工刀、剪刀	白乳胶	
	铁丝	小品、枝干		剪钳、尖嘴钳	白乳胶	
	竹签、木片	小品、家具			白乳胶	
	各种即时贴			美工刀、剪刀、手术刀		
	喷灌漆	着色				用纸片来遮挡控制
	有机片专用漆	着色				例如玻璃钢漆
	纱布	室内纺织品			白乳胶	可着色
	其他模型材料					

8.3 制作室内模型的过程

室内模型制作的步骤如下:模型底盘制作(含电路敷设)→制作地面并固定于底盘上→各墙体下料→墙体开门窗洞口→门窗扇制安→墙面装饰(处理色彩和质地)→将各墙体按平面图黏结成一个整体(整个一层)→安装墙体于底盘的地板上→家具和陈设制作→家具和陈设布置固定→灯头安装→灯光接通→模型保护。

①底盘制作:一般用层板和木条制作,板上粘覆卡纸或其他板材,尺寸大小根据需要确定。底盘应利于承重并能容纳模型、文字介绍等内容,还可做包边处理(有不锈钢包边、木纹板包边、铝合金板包边、ABS板包边、烤漆包边、铝塑板包边等可供选择),使之精致美观,如图8.3所示。

图8.3 模型底盘

②地面制作安装:将地面按比例和效果要求制作好后,粘牢在底盘上。

③各墙体下料:按照图纸和比例,利用工具对选定的墙体材料进行切割,做好坯体。

④墙体开洞:按照图纸和比例,精确定位和度量大小后,利用工具做出洞口,如图8.5所示。

⑤门窗制安:可以较薄的吹塑纸做门窗框及分格,夹固透明胶片于墙体上的洞口处,如图8.5所示。

⑥墙面装饰:以划痕、着色或粘贴表面材料等,做出墙体的面层,然后固定附着于

图8.4 先将地面做好并置于底盘上

墙上的各种物件,例如镜框、画幅和壁灯,如图 8.6 所示。

图 8.5　墙体开洞及门窗框制作安装

图 8.6　墙上的细节及门的安装

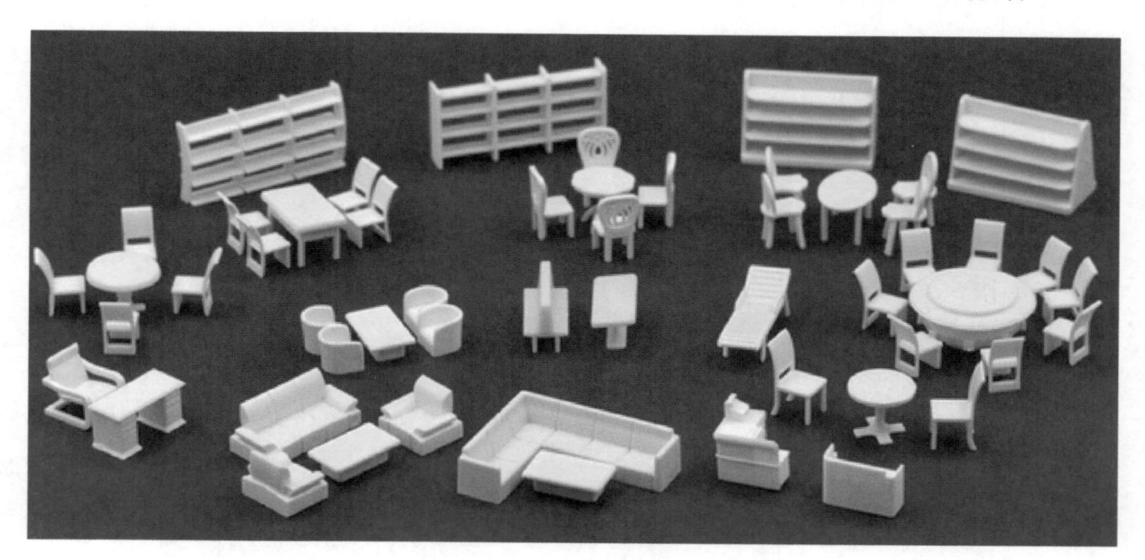

图 8.7　成品家具模型

⑦墙体黏结安装:按照平面图,用胶黏剂将各墙体的制成品相互粘牢成整体,再黏结固定于底盘的地面上,如图 8.4 所示。

⑧家具和陈设制作:选用合适的材料做家具和陈设,最好以各种成品来制作或替代,一方面较手工制作的更加精致,同时还能提高效率、节省时间。例如用瓶盖做花钵,通过网购获得成品的家具和洁具模型等坯体(图 8.7、图 8.8),然后对其进行着色、覆盖表面材质等深加工,最后做成模型。

⑨家具和陈设布置:精确定位后,黏结固定各种家具和陈设。

⑩灯光布置:安装建筑模型专用光源(图

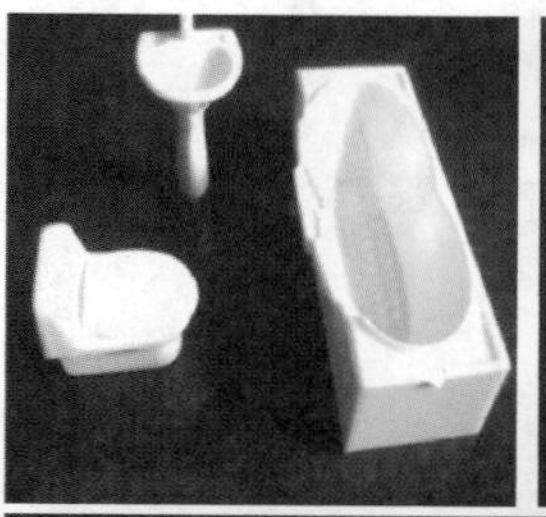

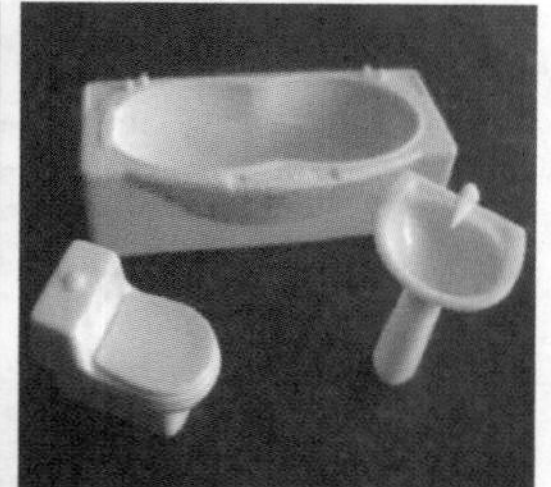

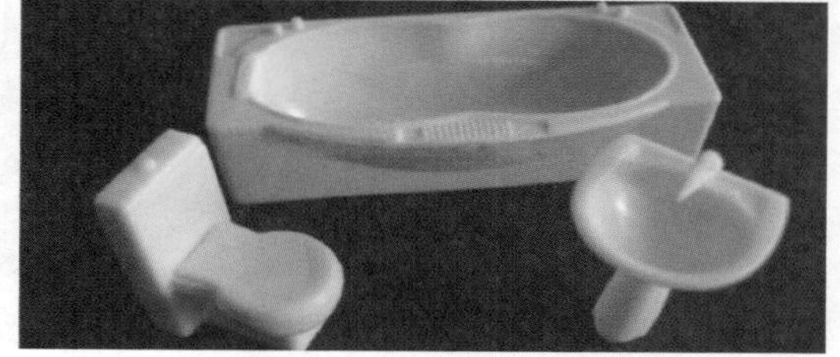

图 8.8　成品洁具模型

8.9),接通电源,调试光控设备(集成电路板,如图 8.10 所示)。将灯头装于所需位置,电线暗敷(藏于墙或地面内),接通灯控器(灯控器预先固定于底盘下)。

⑪模型保护:可以采用玻璃罩或有机玻璃罩对模型进行保护。

图 8.9 模型用光源(主要是 LDE 光珠)

图 8.10 模型用灯光控制器(小型电路板)

8.4 制作技巧和注意事项

①模型各部位或物件的比例尽量一致,以免出现尺度上的错觉。

②尽量利用制成品和“废料”来制作各种实物模型。

③可利用彩色打印图来表现模型局部的色彩和质地,如墙面和地面。

④材料的选择,应考虑材质的风格统一,例如木质模型和复合材料模型(PVC、有机玻璃、ABS 板)效果迥异,不宜混用,混搭时必须以一种为主,使其占据统领地位。

⑤也可以用透明材料(亚克力板、PVC 板、ABS 板都有透明材质)做墙体,能较好地反映空间关系(图 8.11)。

图 8.11 透明墙体模型

9 专业模型的制作

9.1 专业模型的特点

专业模型通常由专门的模型制作公司，采用模型专用材料来制作，主要用于商业展示。专业模型具备以下特点：

1）直观性

专业模型通过缩微实体的方式来表现设计理念，通过直观的实体三维空间形象，可以使设计的构思表现得更加深入、完善，有利于设计者更精确具体地深入研究设计项目，做出最佳方案。模型的直观性还表现在模拟设计的整体感方面，它能够使观赏者通过三维模型来评价、欣赏设计者的想法，如图 9.1 和图 9.2 所示。

2）时空性

专业模型的时空性体现在能为观赏者提供一个模拟真实项目的观赏体验机会。这一动态的模拟观赏过程可使人对设计的功能与形态、功能与结构、空间与环境等关系有个清晰的认识，有利于设计师多角度、多层次地分析和解决各种问题（图9.3）。

3）表现性

专业模型的表现性体现在形象、真实和完整等各个方面。与其他表现形式相比，模型的形象化特点更为明显。模型的真实性在于它是以三维的立体形式来表现的，直观地反映于人的视觉体验中，能使不具备专业思维的观赏者也可以直观地欣赏、评价，如图 9.4 所示。

图 9.1　山西应县木塔实景

图 9.2　山西应县木塔模型

图 9.3　某别墅建筑模型

图 9.4　古建筑屋顶结构展示模型

4）制作的专业性

专业模型的效果要求写实、逼真和美观，在效果逼真、外形美观和新颖方面，以及对制作工艺和所用模型材质等方面，要求都很高。专业模型一般要求尽量采用模型专用型材，并由专业公司和制作方面的专家来承接完成。

9.2　专业模型的用途

专业模型主要有以下几方面的作用：

1)展示专业模型

展示专业模型可用于商业展示(如待出售楼盘的展示,或待招商项目的展示等),也可用于构造细节、室内布局、建筑单体或场景的表现,使非专业观赏者能够更直观地理解设计方案及细节,例如斗拱构造展示模型(图9.5)、某户型方案展示模型(图9.6)、某机场方案展示模型(图9.7)、某小区规划展示模型(图9.8)、城市总体规划(图9.9)或城市片区设计(图9.10)展示模型等。

图9.5 斗拱构造展示模型

图9.6 某户型方案展示模型

图 9.7　某机场方案展示模型

图 9.8　某小区规划展示模型

图 9.9　重庆市总体规划展示模型

图 9.10　重庆市朝天门片区的设计展示模型

2) 工作构思模型

工作构思模型主要用于方案构思的推敲交流,是设计师继续深化构思,使设计构思趋于成熟的过程中重要的模型。同时,利用工作构思模型也方便建筑专业内不同工种之间进行沟通与交流,对于设计师完善设计构思有着不可低估的作用。例如,某建筑方案设计构思模型如图 9.11 所示。

方案设计构思模型一般主要供专业人员推敲方案使用。因此,在制作工作模型的过程中,一般仅选用 1~2 种材料,主材的选用要利于制作、表现和更改。通常,建筑方案试验工作模型的主材有石膏、各类纸材、软木材、发泡塑料等,辅材主要为胶黏剂等。

3) 实验工作模型

专业模型也可用于建筑方案真实环境空间的模拟,但目前主要用于建筑的抗震实验模型、抗风实验模型等,如某公共建筑方案的风洞实验模型(图 9.12)。

建筑方案实验工作模型一般主要用于真实条件的模拟,因此模型主材通常会根据试验条件,选用接近真实建造的材料,如钢材、玻璃、石材、混凝土等。

图 9.11　某建筑方案设计构思模型

图 9.12　某公共建筑方案的风洞实验模型

9.3　制作专业模型的主材与辅材

展示类模型因精度及真实性要求较高，所用材料通常有几十上百种，其中用于展示类专业模型的材料主要是型材，即是将原材料加工成具有各种造型、各种尺度的基本材料或仿真材料。现在市场上出售的建筑模型型材种类较多，按其用途可分为基本型材、仿真型材、成品型材。基本型材主要包括角棒、半圆棒、圆棒等，主要用于建筑模型主体部分的制作；仿真型材主要包括屋瓦、墙纸等，主要用于建筑模型主体内外墙及屋顶部分的制作（图 9.13 和图

9.14）；成品型材主要包括围栏、标志、汽车、路灯、人物等，主要用于建筑模型配景的制作（图9.15—图9.18）。

图 9.13　仿真瓦片

图 9.14　仿真草坪

图 9.15　仿真人模型

图 9.16　仿真车模型

上述型材的使用既简化了加工过程，又提高了制作精度及仿真效果。但值得注意的是，这些型材都是依据不同尺度制作的，选用时要与制作的建筑模型比例相吻合。

制作专业模型的辅材主要有胶黏剂以及灯光、电源、烟雾等可用于增加模型表现力的其他辅材。

图 9.17　仿真树木模型

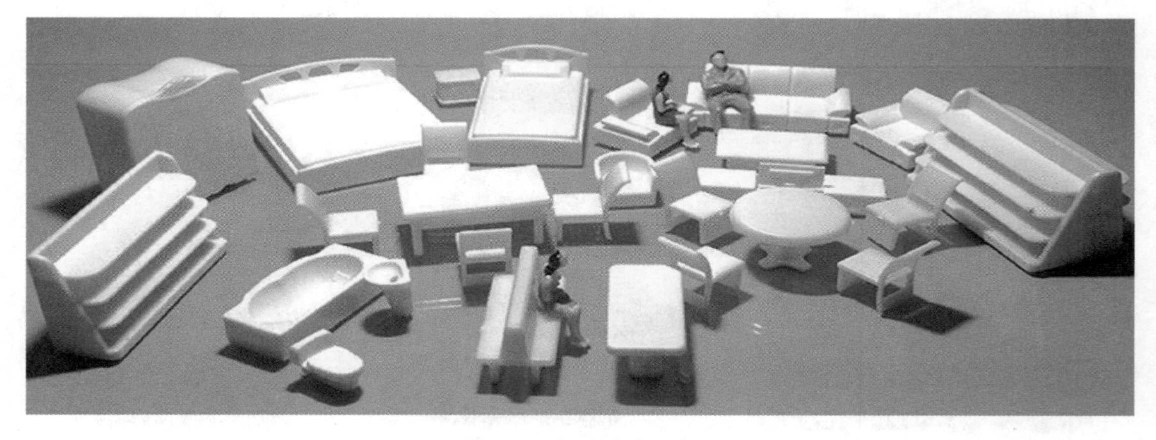

图 9.18　仿真室内家具

9.4　制作专业模型的工具

制作专业模型的工具一般按模型制作选用的主辅材来决定(具体工具选用请参考本教材其他章节的详细讲解),但有时也会因为模型尺寸过大,需要选用建造中使用的工程机具,如电锯、电焊机、电烙铁、切割机、电葫芦、车床、台钻、激光雕刻机、工业级 3D 打印机等。

9.5 专业模型的制作步骤

大型专业展示模型的制作主要分为制作准备、外环境制作、主体建筑制作、环境及氛围营造4个步骤(见图9.19)。制作准备部分主要包括分析图纸、制作构思、图纸排版、定稿、主辅材准备、机具准备等;外环境制作部分主要包括底盘、山体、水体、道路、桥梁、环境电路等的制作;主体建筑制作部分主要包括建筑、构筑物的制作;环境及氛围营造部分主要包括建筑电路、烟雾、植物、人物、场景、细节完善及其他。

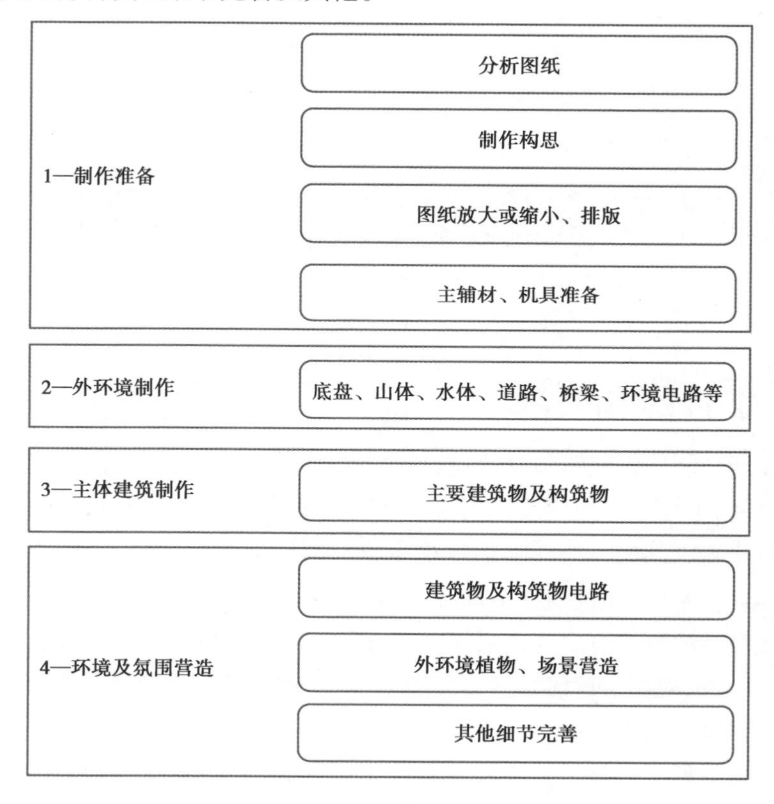

图9.19 大型专业展示模型的制作步骤

专业模型的重点是对各种材料的置办,建筑的各种构件、配件、配景、建筑装修材料等,都应争取全部采用适于模型的制成品,使得模型效果逼真并统一,宛若天成。

附录　建筑模型制作任务书及作品案例

一、教学目的和要求

建筑模型设计与制作是建筑学、城乡规划、风景园林、环艺设计等专业学生必备的一项重要的专业基础技能，也是培养现代设计人才及其综合设计能力不可或缺的组成部分。在将二维的设计方案转化为三维的实施模型的过程中，模型是设计理念和形态的具体表现手段，是设计理念的立体表现手段，使设想变为现实。

常用于制作模型的材料有聚苯乙烯泡沫板、纸板、木板、有机玻璃和塑料。它们有各自的材料特性，制作者可以根据自己所做模型的用途、设计的阶段和所设计模型的材质，自主地选择一种或多种材料来进行模型制作。

纸板因为切割方便、材料可塑性强，通常用来制作大师作品的认识和分析模型。通过制作这类模型，制作者可以感受经典作品，理解著名设计师的设计风格及其所处的时代背景、设计潮流，初步建立并逐步提高自身的审美能力、动手能力及创造力。

聚苯乙烯泡沫板因为切割方便、价格便宜，通常用来制作设计阶段的推敲用体块模型，在设计中发挥着举足轻重的作用。推敲用模型不是最终的表现目标，而是设计思考的辅助手段，其作用和画草图基本类似，但是它是一种三维的“草图”形式。这种体块模型有助于方案的推敲和深化，有利于师生间和同学间的交流。制作体块模型的过程，也就是设计思考和推进的过程。

硬纸板、木板、有机玻璃和塑料因为其制作后成型好、仿真度高而受到青睐，但是由于材料成本高、切割相对困难，因此经常被选来做方案的最终展示模型。设计中，为了更好、更直观和细致地展示设计方案，并对方案进行再次解读，常在设计方案完成后，将设计方案的最终成果以一定比例缩小并用模型的方式展示出来。因此,制作展示模型是建筑设计、景观设计、城市设计、室内设计等设计成果展示的重要组成部分。

通过制作模型,应达到以下要求:

①通过模型的制作,提高对设计方案进行推敲、认识和系统表达的能力。

②了解所选用材料的材料特性,如纹理、密度、强度、韧性、塑性、硬度等。

③熟悉制作模型的选材、画线、切割、打磨、黏结、拼接、上色等步骤。

④通过具体的模型制作,掌握模型的构成原则、搭建手法与造型手法。

⑤学会选择和使用制作模型的工具并娴熟运用。

⑥掌握整个模型制作的全过程。

二、设计内容(自由组合 2~3 人的小组来合作完成)

第一阶段:分析模型阶段

1)设计题目

制作著名建筑大师设计的别墅或住宅模型。大师范围及作品内容可由指导教师指定,以小型建筑为宜,比例自定(1 : 50 左右)。要求模型特点鲜明,能够反映外部造型,或内部空间(可以酌情切开,以便于观察内部),或结构构造方面的特点。

2)选题范围参考

理查德·迈耶、赖特、密斯·凡·德·罗、安藤忠雄、贝聿铭、阿尔托、柯布西埃、丹下健三、路易斯·康、艾森曼、隈研吾、伊东丰雄、哈迪德和赫尔佐格 & 德梅隆等著名建筑师的别墅或住宅建筑作品。

A.萨伏伊别墅

B.流水别墅

C.史密斯住宅

D.范斯沃斯住宅

E.犹太人博物馆

F.美国国家美术馆东馆

G.光之教堂

H.艾瓦别墅

I.巴塞罗那世博会德国馆

J.吐根哈特别墅

3)成果要求

(1)设计调研要求

调研内容:名作方案解析、模型制作方法。

作业要求:收集相关背景资料及图片,完成调研报告(包括方案设计分析、大师背景分析摘要等,最终以 PPT 形式上交),并完成模型制作分析报告(包括确定模型制作比例、步骤、材料等,最终以 PPT 形式上交)。

(2)模型制作要求

基座水平投影尺寸不小于500 mm×500 mm,高度根据需要自定。底盘右下角应贴有图签(8 cm×5 cm),标明模型名称、指导教师、班级、姓名、学号、比例尺等信息。

(3)工作报告要求(存档)

各小组完成工作报告(内容包括小组成员、分工、每次工作时间、工作进度、分析图、制作过程照片、文字说明、学习成果、模型照片等),最终以PPT形式上交。

第二阶段:方案推敲模型阶段

1)设计题目

制作课程设计方案推敲模型。

2)成果要求

①分析方案产生的原因及其可行性,最终以PPT形式上交,页数不限。

②模型制作要求:基座水平投影尺寸为500 mm×500 mm,高度根据需要自定。底盘右下角应贴有图签(8 cm×5 cm),标明模型名称、指导教师、班级、姓名、学号、比例尺等信息。

第三阶段:方案展示模型阶段

1)设计题目

制作课程设计方案展示模型(要求根据课程设计的最终方案制作展示模型)。

2)成果要求

①模型制作分析报告:确定模型制作比例、步骤等,完成模型制作分析报告,最终以PPT形式上交。

②模型制作要求:基座水平投影尺寸不小于500 mm×500 mm,高度根据需要自定。底盘右下角应贴有图签(8 cm×5 cm),标明模型名称、指导教师、班级、姓名、学号、比例尺等信息。

③工作报告要求(存档):各小组完成工作报告(内容包括小组成员、分工、每次工作时间、工作进度、分析图、制作过程照片、文字说明、学习成果、模型照片等),最终以PPT形式上交。

注:教师可以根据课程内容和课时量,选定一个或几个阶段进行教学。

三、工具材料要求

1)模型材料

①主材:以不同颜色、厚度和形状的聚苯乙烯泡沫板,以及各种厚度的纸板、纸棍、卡纸、瓦楞纸、木材、塑料和有机玻璃为主。

②胶黏剂:双面胶、糨糊、白乳胶、模型无影胶(配导管)、UHU胶、热熔胶、白乳胶、502胶、三氯甲烷等。

2)制作工具

制作工具主要有锉刀、钢尺、三棱尺(比例尺)、剪刀、勾刀、裁纸刀、小型聚苯乙烯泡沫切割机、砂纸机、注射器、小型模型切割机等。

四、成绩评定

工作报告较认真则可评中等,如果建筑模型制作较精致则评良,如果模型制作精致则可评优。

五、参考书目

①《建筑模型设计与制作》,中国建筑工业出版社;
②《建筑模型设计:制作和使用建筑设计模型的参考指南》,机械工业出版社;
③《建筑初步》,中国建筑工业出版社;
④《外国近现代建筑史》,中国建筑工业出版社。

六、注意事项

①注意操作安全(含个人安全和设备安全)。
②注意工具的正确使用。
③保持工作区域及教室的清洁。
④操作过程中应注意观察、细心操作,将理论与实践有机结合。
⑤如果必要,在征得老师同意后,模型的尺度可适当加大,即可以调整比例,直至1∶20。

七、案例

(一)聚苯乙烯泡沫模型的案例详见附图1至附图13。

附图1　城市综合广场的设计一草方案模型汇总

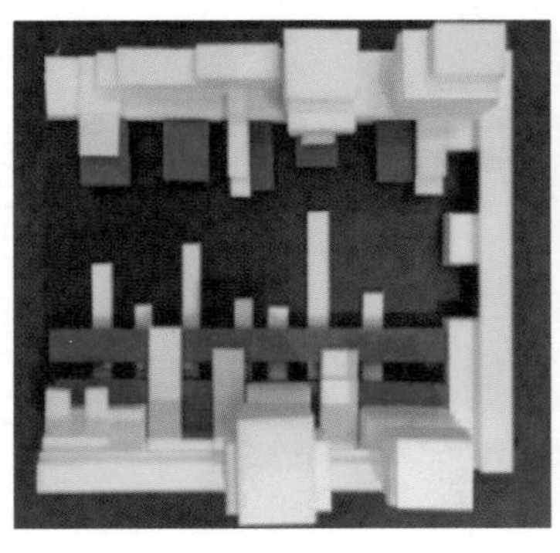

附图 2　城市综合广场的设计
一草方案 1 模型俯视图

附图 3　城市综合广场的设计
一草方案 1 模型透视效果

附图 4　城市综合广场的设计
一草方案 2 模型俯视图

附图 5　城市综合广场的设计
一草方案 2 模型透视效果

说明:附图 1 至附图 5 为城市综合广场的设计一草方案模型,主要材料为聚苯乙烯泡沫薄板,经电热丝和勾刀切割后,用白乳胶和双面胶黏结而成。

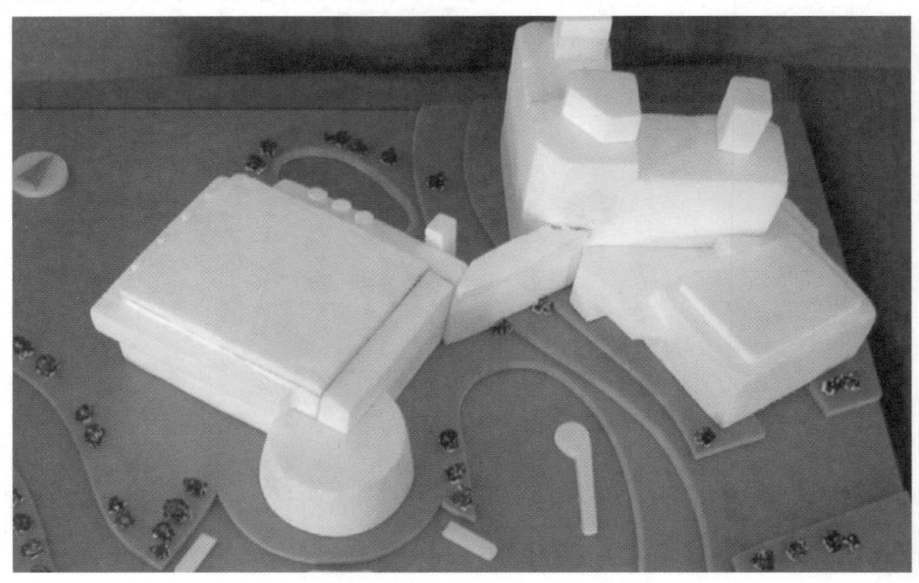

附图 6　博物馆的设计二草方案模型

说明:附图6为博物馆的设计二草方案模型,主要材料为聚苯乙烯泡沫厚板或包装用聚苯乙烯泡沫塑料,经美工刀、锯条或电热丝切割后,用白乳胶黏结而成。

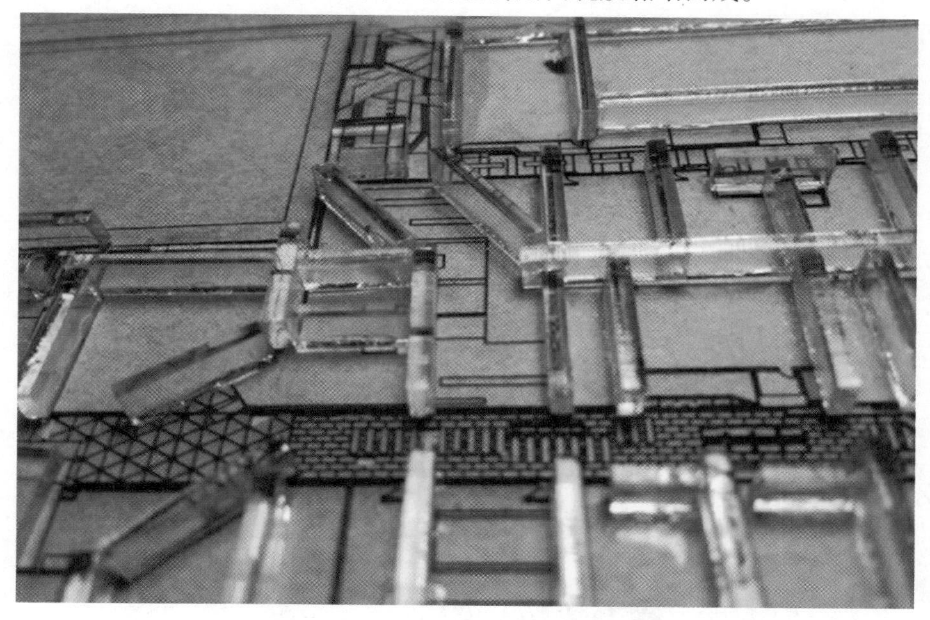

附图7　街巷空间的设计二草方案模型

说明:附图7为街巷空间的设计二草方案模型,用以推敲设计方案的合理性。该模型采用纤维板制作底盘,并按照需要用勾刀在底盘上刻出0.2 mm左右深的凹槽作为底图。主材使用透明有机玻璃板,经勾刀划痕后掰成条状,用三氯甲烷或者502胶黏结。制作此模型的时候需要注意:①有机玻璃质地坚硬,要在同一个位置反复切割才能达到理想的效果。②有机玻璃为透明材质,在黏结过程中如果有胶黏剂溢出到材料表面,应及时用湿布擦掉,以保证模型的最终效果。

附图8　城市滨水空间的设计一草方案模型

说明:附图 8 为城市滨水空间的设计一草方案模型,用以推敲设计区域的建筑功能及建筑密度。这类模型采用 KT 板制作底板,用聚苯乙烯泡沫塑料制作建筑体块,用双面胶进行黏结。制作这类模型的时候需要注意:胶黏剂不可以选择有腐蚀性的材料。

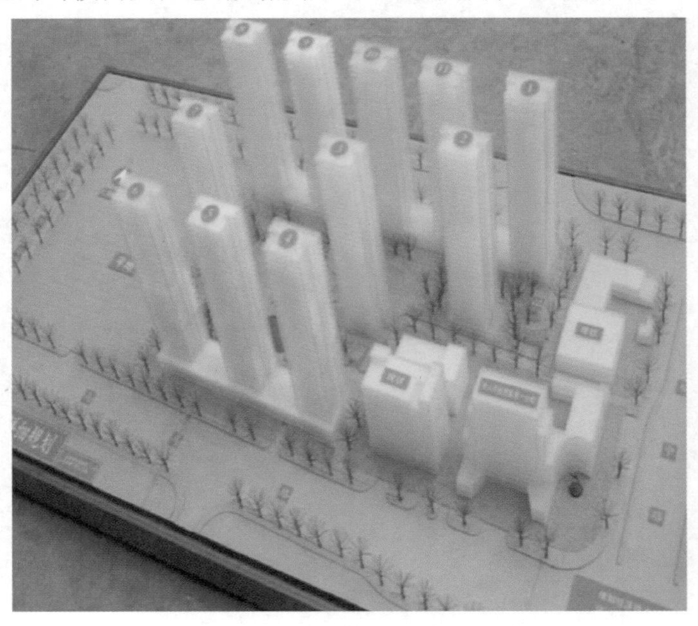

附图 9　居住区的设计二草方案模型

说明:附图 9 为居住区的设计二草方案模型,采用纤维板制作底盘,用金属丝制作植物,用 ABS 板制作建筑。

附图 10　商业综合体的设计一草方案模型

说明:附图 10 为商业综合体的设计一草方案模型,用以推敲商业综合体的功能配比及组合形式。用不同颜色的聚苯乙烯泡沫塑料代表不同的功能,使得这种方案推敲模式方便、直观、效果佳。

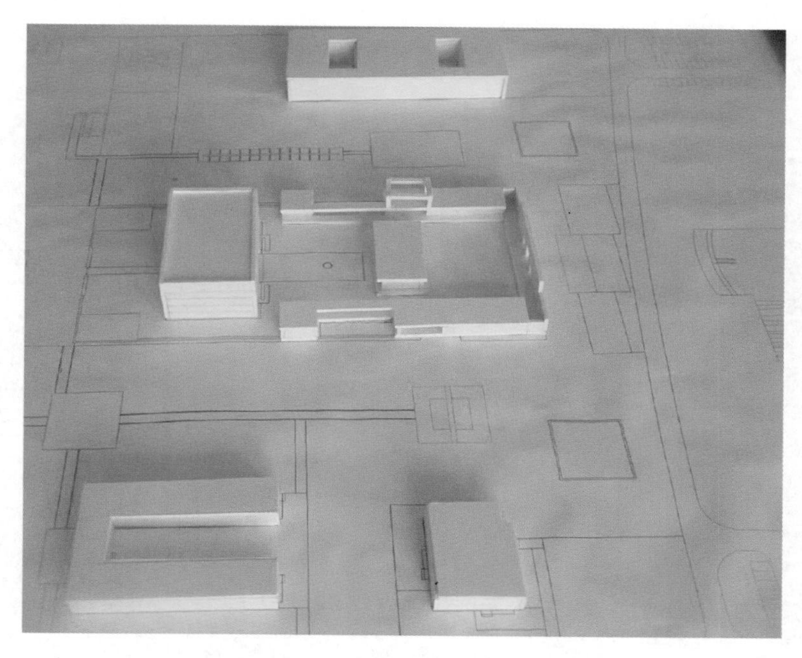

附图 11　景区接待中心的设计一草方案模型

说明:附图 11 为景区接待中心的设计一草方案模型,用聚苯乙烯泡沫塑料制作建筑形体,用吹塑纸制作外墙及屋面,经锯条和美工刀切割后,用白乳胶黏结。

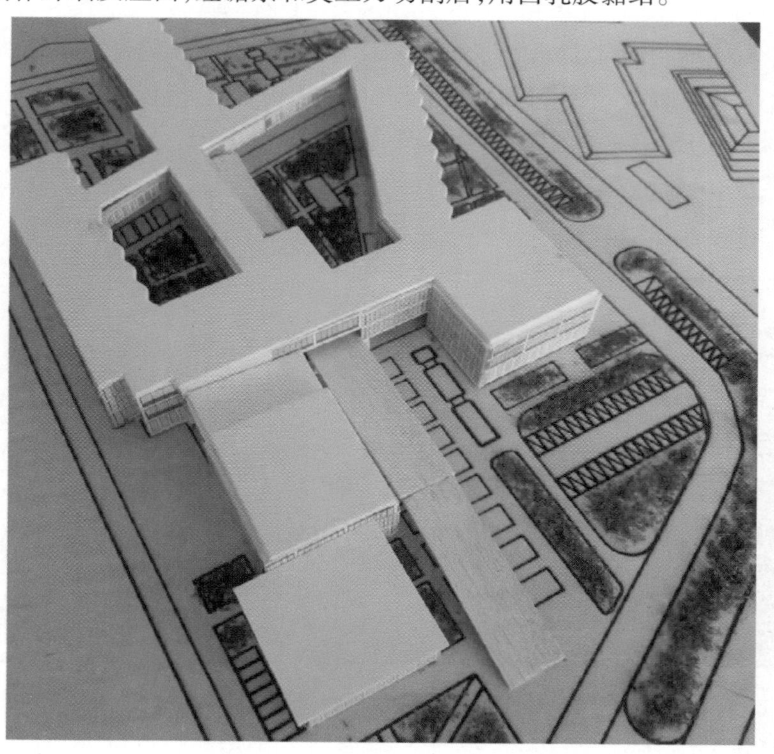

附图 12　办公楼的设计二草方案模型

说明:附图 12 为办公楼的设计二草方案模型,用雪弗板制作建筑形体,经美工刀切割后,用 502 胶、双面胶和白乳胶黏结。

附图 13　艺术中心的设计二草方案模型

说明:附图 13 为艺术中心的设计二草方案模型,采用雪弗板制作建筑形体,用瓦楞纸制作配景、建筑外墙及屋面,采用剪刀和美工刀切割,并用白乳胶黏结成型。

(二)纸质模型的案例详见附图 14 至附图 21。

附图 14　大师作品分析——流水别墅模型 1

说明:附图 14 为大师作品分析——流水别墅模型 1,采用硬纸板、ABS 板、吹塑纸、砂纸、墙纸、透明胶片和白乳胶等材料制作建筑,使用喷漆后的聚苯乙烯泡沫塑料和树枝制作建筑配景。

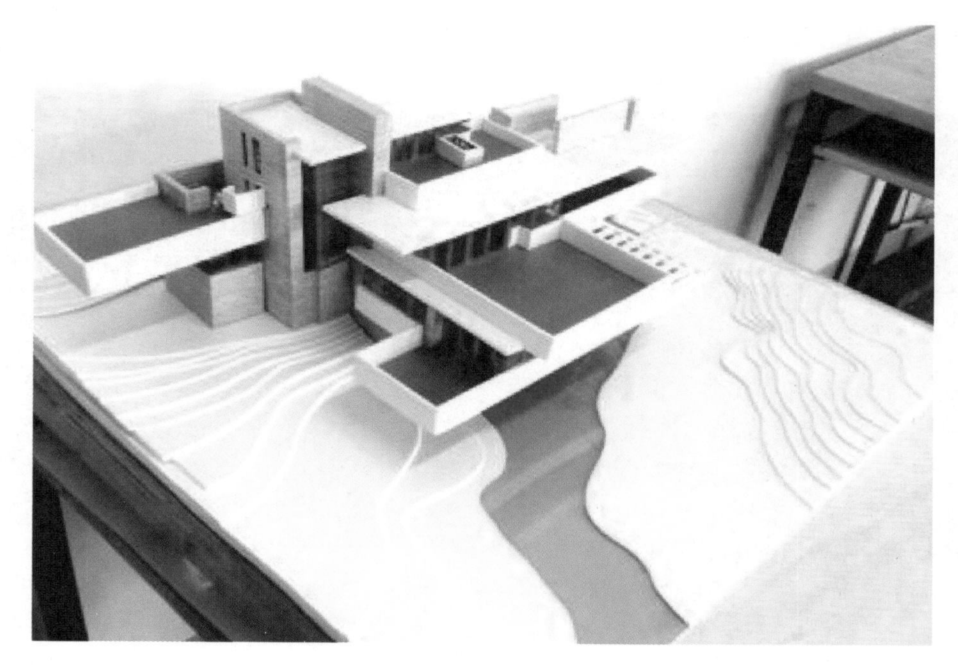

附图 15　大师作品分析——流水别墅模型 2

说明:附图 15 为大师作品分析——流水别墅模型 2,采用硬纸板、ABS 板、吹塑纸、砂纸、墙纸、透明胶和白乳胶等材料制作而成。

附图 16　大师作品分析——罗马千禧教堂模型 1

说明:附图 16 为大师作品分析——罗马千禧教堂模型 1,其主要材料为纸板,使用美工刀切割,用 502 胶、热熔胶或 UHU 胶等黏结。

附图 17 大师作品分析——罗马千禧教堂模型 2

说明:玻璃窗的制作的注意事项为:①因为有机玻璃较难切割,所以首先要用勾刀在材料表面划出要切割的痕迹,然后反复切割直至切断,切忌一次用力过猛。②有机玻璃表面溢出的黏结剂要及时清理,以免影响成品模型效果。

附图 18 大师作品分析——罗马千禧教堂模型 3

说明:附图 18 为大师作品分析——罗马千禧教堂模型 3,此模型弧形墙面的制作步骤为:①在厚 1 mm 的硬纸板一面划出 0.5 mm 深的凹槽网格。②用电吹风热风挡把纸板吹热。③将纸板弯曲成造型所需要的样子。④造型固定后,将胶水平涂在材料表面。⑤用电吹风冷风挡进行胶水的吹干定型。

附图 19　大师作品分析——古根海姆博物馆模型

说明:附图 19 为大师作品分析——古根海姆博物馆模型,其主要材料为纸板,使用美工刀切割后,用 502 胶、热熔胶或 UHU 胶等黏结。

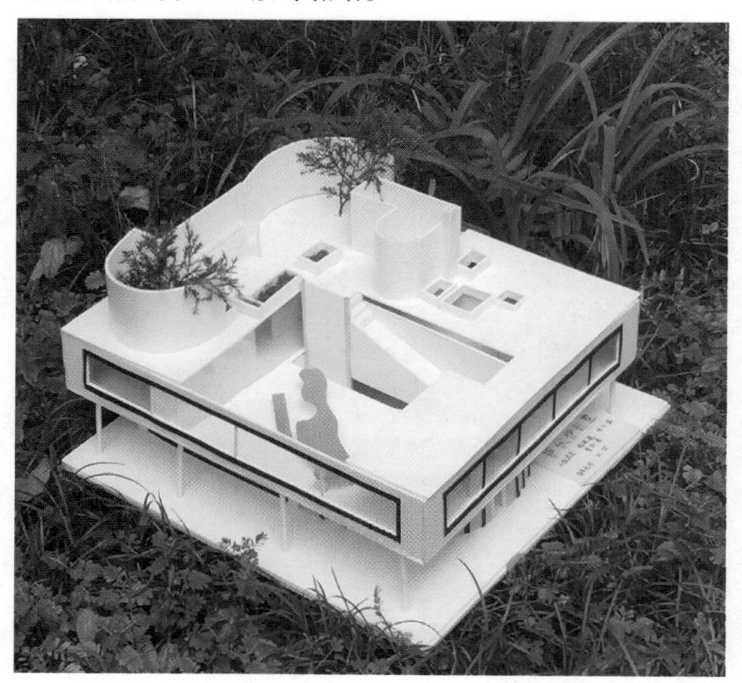

附图 20　大师作品分析——萨伏伊别墅模型

说明:附图 20 为大师作品分析——萨伏伊别墅模型,主要材料为纸板,经美工刀切割后,用 502 胶、热熔胶或 UHU 胶等黏结。

附图 21　大师作品分析——双子塔模型

说明:附图 21 为大师作品分析——双子塔模型,主要材料为纸板,经美工刀切割后,用 502 胶、热熔胶或 UHU 胶等黏结。

(三)木质模型的案例详见附图 22 至附图 29。

附图 22　大学生活动广场设计模型

说明:附图 22 为大学生活动广场设计模型,主要材料为 1 mm 厚航模板或 DIY 薄木板,经锯条、勾刀和美工刀切割后,用 502 胶、热熔胶或 UHU 胶等黏结。

附图 23　大学生活动广场设计模型局部

附图 24　In-between 方案设计模型

说明:附图 23 为大学生活动广场设计模型,附图 24 为 In-between 方案设计模型,它们使用的主要材料均为 1 mm 厚航模板或 DIY 薄木板。做出建筑主体后进行喷漆,使用锯条、勾刀和美工刀进行切割,并用 502 胶、热熔胶或 UHU 胶等黏结。

附图 25　中国古建筑模型

说明:附图 25 为中国古建筑模型,主要材料为 0.5 mm 和 1 mm 厚航模板或 DIY 薄木板,经锯条、勾刀和美工刀切割后,用 502 胶、UHU 胶等黏结。

附图 26　大学生活动中心设计展示模型

说明:附图 26 大学生活动中心模型,主要材料为 0.3 mm、0.5 mm、1 mm 厚航模板或 DIY 薄木板,经锯条、勾刀和美工刀切割后,用 502 胶、UHU 胶等黏结。模型配景为白色石子和枯树枝。

附图 27　大师作品分析——美国国家美术馆东馆模型

说明：附图 27 为大师作品分析——美国国家美术馆东馆模型，主要材料为 1 mm 厚航模板或 DIY 薄木板，用草皮贴纸做地面，使用锯条、勾刀和美工刀进行切割。

附图 28　展览馆设计展示模型

说明:附图 28 为展览馆设计展示模型,主要材料为 1 mm 厚航模板或 DIY 薄木板,经勾刀和美工刀切割后,用 502 胶、UHU 胶等黏结。

附图 29 博物馆设计展示模型

说明:附图 29 为博物馆设计展示模型,主要使用 1 mm 厚航模板或 DIY 薄木板做建筑主体,部分建筑用花纹纸贴皮,经锯条、勾刀和美工切割后,用 502 胶、热熔胶或 UHU 胶等黏结。

(四)塑料和有机玻璃模型的案例详见附图 30 至附图 38。

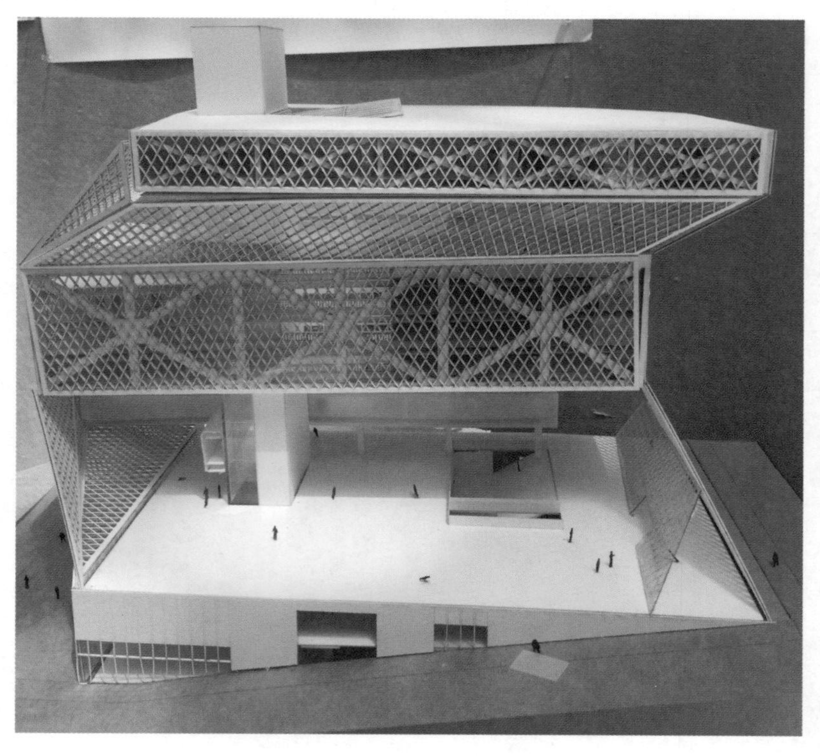

附图 30 西雅图中央图书馆模型

说明:附图 30 为西雅图中央图书馆模型,用 PVC 板和有机玻璃板做建筑主体,用褐色硬纸板做底板,使用勾刀、美工刀和激光模型切割机进行切割,并用 502 胶、热熔胶或 UHU 胶等黏结。

附图 31　别墅方案设计展示模型

说明:附图 31 为别墅方案设计展示模型,使用 PVC 板和有机玻璃板做建筑主体,用 1.5 cm厚细木工板做底板,并用聚苯乙烯泡沫和碎石子做配景。经勾刀、美工刀和激光模型切割机切割后,采用 502 胶、热熔胶或 UHU 胶等黏结。

附图 32　写字楼概念设计展示模型

说明:附图 32 为写字楼概念设计展示模型,用 PVC 板做模型主体,用 1.5 cm 厚细木工板做底板。使用勾刀、美工刀和激光模型切割机按照设计好的既定模数进行切割,然后对每个单体进行穿插组装。整个模型未使用黏结剂。

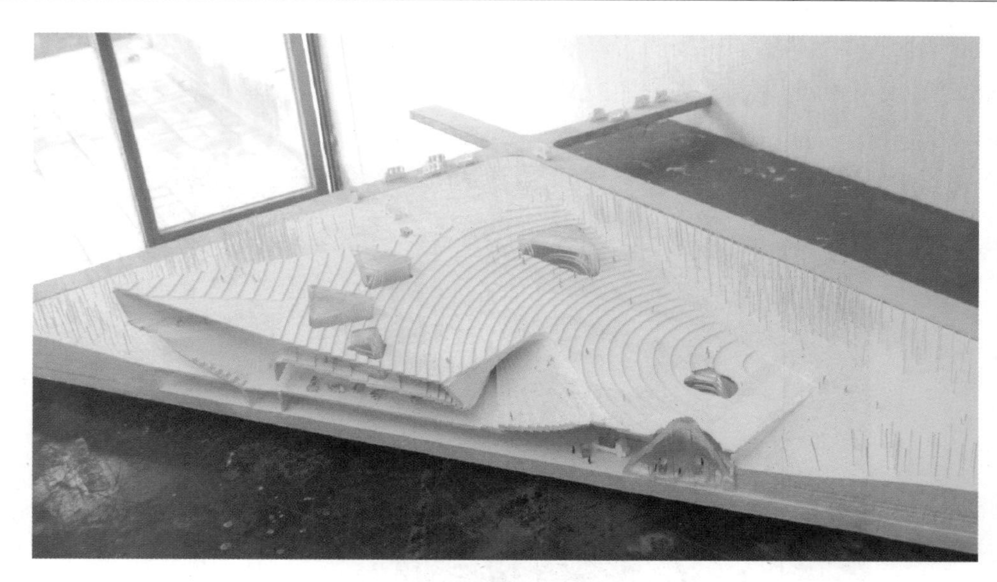

附图 33　市民活动广场方案设计展示模型 1

说明:附图 33 为市民活动广场方案设计展示模型 1,整个模型通过材料一层一层的堆叠来达到想要的设计效果,这也是做地形常用的手法之一。

附图 34　市民活动广场方案设计展示模型 2

说明:附图 34 为市民活动广场方案设计展示模型 2,用 PVC 板和有机玻璃板做建筑主体,用木板做底板,经勾刀、美工刀和激光模型切割机切割后,用 502 胶、热熔胶或 UHU 胶等黏结。

附图 35　市民活动广场方案设计展示模型 3

说明：附图 35 是市民活动广场方案设计展示模型的剖面，能够表明广场与地下空间的关系。注意：模型效果应与方案设计的剖面相吻合。

附图 36　交互空间方案设计展示模型

说明：附图 36 为交互空间方案设计展示模型，采用 PVC 板做建筑主体，经勾刀、美工刀和激光模型切割机切割后，用 502 胶、热熔胶或 UHU 胶等黏结。模型底板采用刨花板制作。

附图 37　校园灰空间改造方案设计展示模型

说明：附图 37 为校园灰空间改造方案设计展示模型，采用 PVC 板做建筑主体，用白色硬纸板做底板，经勾刀、美工刀和激光模型切割机切割后，用 502 胶、热熔胶或 UHU 胶等黏结。

附图 38　小学方案设计展示模型

说明：附图 38 为小学方案设计展示模型，采用 PVC 板做建筑主体，用灰色硬纸板做底板，经勾刀、美工刀和激光模型切割机切割后，用 502 胶、热熔胶或 UHU 胶等黏结。

参考文献

[1] 郭红蕾,阳虹,师嘉,等. 建筑模型制作——建筑、园林、展示模型制作实例[M].北京:中国建筑工业出版社,2007.
[2] 曾丽娟. 建筑模型设计与制作[M].北京:水利水电出版社,2012.
[3] 陈璐. 建筑与环境模型制作典型实例[M].北京:机械工业出版社,2015.
[4] 刘宇. 建筑与环境艺术模型制作[M].沈阳:辽宁科学技术出版社,2010.
[5] 马春喜. 建筑与景观模型设计制作[M].北京:海洋出版社,2010.
[6] 黄信,张凌,曹喆. 建筑模型制作教程[M].2 版.武汉:华中科技大学出版社,2017.
[7] 陈明,张伟,伍亚斌,等. 建筑及景观模型制作方法的探讨[J].山西建筑,2014(22).
[8] 葛辉. 手工制作建筑模型方法与要点[J].云南财贸学院学报:社会科学版,2003(6).
[9] 刘捷,马驰. 房屋建筑模型教具制作探讨[J].武汉工程职业技术学院学报,2010(1).
[10] 慕云舒. 试论《模型制作与工艺》建设与建筑环境设计实践[J].中国建材科技,2016(5).
[11] 郎世奇.建筑模型设计与制作[M].3 版.北京: 中国建筑工业出版社,2013.
[12] 朴永吉,周涛.园林景观模型设计与制作[M].北京:机械工业出版社,2006.
[13] 傅志毅.景观模型制作[M].武汉:华中科技大学出版社,2017.
[14] 朱永杰. 浅谈建筑设计专业模型制作[J].天津职业院校联合学报,2011(8).
[15] 王戎. 建筑模型制作的实践与思考[J].成都航空职业技术学院学报,2001(1).
[16] 雷云尧.建筑模型制作[M]. 北京: 北京大学出版社,2014.
[17] 黄源. 建筑设计与模型制作——用模型推进设计的指导手册[M]. 北京: 中国建筑工业出版社,2009.